高等院校土建类专业"互联网+"创新规划教材

BIM建模与应用教程（第2版）

主　编　曾　浩　马德超　王　彪
副主编　高网芹　张学贤　吴　熙

北京大学出版社
PEKING UNIVERSITY PRESS

内容简介

本教材共分 6 章，从建模软件 Revit 2020 的基础操作开始到以小、中、大各项工程为案例，由浅入深地讲解了 BIM 在实际工程中的应用；接下来是 BIM 的应用拓展，以 Navisworks 软件为主，讲述了 BIM 仿真性和协同性的应用，让读者不仅能掌握基础操作，还能具有一定的项目上手能力；最后以历年真题为例分析了 BIM 一级建模师考试的内容，帮助考生掌握解题思路和考试技巧。本书在编写过程中考虑到本科院校、高职院校、社会培训机构各自的教学要求和特点，力求内容知识点全面、语言通俗易懂、具有较强的实操性和广泛的适应性。

本教材为开设 BIM 课程的相关本科院校、高职院校、企业服务，既可以满足 BIM 专业应用学习的需要，又可以为学校开展 BIM 认证培训提供支持，同时还可以作为建筑企业内训和社会培训的参考用书。

图书在版编目（CIP）数据

BIM 建模与应用教程 / 曾浩，马德超，王彪主编 . —2 版 . —北京：北京大学出版社，2024.4

高等院校土建类专业"互联网 +"创新规划教材

ISBN 978-7-301-34840-6

Ⅰ.①B… Ⅱ.①曾… ②马… ③王… Ⅲ.①建筑设计—计算机辅助设计—应用软件—高等学校—教材 Ⅳ.① TU201.4

中国国家版本馆 CIP 数据核字（2024）第 038010 号

书　　　名	BIM 建模与应用教程（第 2 版）
	BIM JIANMO YU YINGYONG JIAOCHENG (DI-ER BAN)
著作责任者	曾　浩　马德超　王　彪　主编
策 划 编 辑	吴　迪
责 任 编 辑	伍大维
数 字 编 辑	蒙俞材
标 准 书 号	ISBN 978-7-301-34840-6
出 版 发 行	北京大学出版社
地　　　址	北京市海淀区成府路 205 号　100871
网　　　址	http://www.pup.cn　新浪微博：@ 北京大学出版社
电 子 邮 箱	编辑部 pup6@pup.cn　总编室 zpup@pup.cn
电　　　话	邮购部 010-62752015　发行部 010-62750672　编辑部 010-62750667
印 刷 者	三河市博文印刷有限公司
经 销 者	新华书店
	889 毫米 ×1194 毫米　16 开本　14.5 印张　464 千字
	2018 年 2 月第 1 版
	2024 年 4 月第 2 版　2024 年 4 月第 1 次印刷
定　　　价	45.00 元

第2版

前言

建筑信息模型（Building Information Modeling，BIM）是建筑行业的一项重要技术，它改变了传统的设计和施工方式，为建筑师、工程师和其他专业人士提供了更高的效率和精确性。

本教材编写的目的：

1. 帮助读者掌握建筑设计图纸的识读和解析能力；

2. 帮助读者掌握 BIM 建模软件的基本操作和应用；

3. 帮助读者掌握 BIM 模型建立的方法和流程；

4. 帮助读者掌握 BIM 技术在建筑工程中的应用和优势；

5. 帮助读者掌握 BIM 模型的质量控制和交付标准；

6. 帮助读者掌握当前全国 BIM 技能等级考试的重点和难点。

本教材的特点：

1. 融合了目前广泛流行的 BIM 建模软件 Revit 2020 的操作及全国 BIM 技能等级考试要求，满足读者技能提升和职业认证的双重需求；

2. 重在以实例形式学习 BIM 建模软件 Revit 2020 的操作，着重培养读者独立开展工程建模与应用的能力；

3. 重视知识的系统性，内容先从概述与基本操作开始，然后通过从小到大的工程案例的引导，最后进行实战应用与拓展，循序渐进地提升读者 BIM 技术的应用水平；

4. 为便于读者理解，采用图文并茂的形式，并且每个关键操作都附有操作视频，读者只需扫描对应的二维码即可跟着操作视频练习操作，易于上手。

随着 BIM 技术的推广和应用，对 BIM 人才的需求开始从量的需求过渡为质的衡量，BIM 高质量人才的不足是当前 BIM 技术发展的重大瓶颈。本教材在再版过程中除将应用软件升级为 Revit 2020 外，作为校企共建教材，在编写团队成员方面还联合多家单位，邀请具有丰富 BIM 工程经验、教学经验和考证培训经验的专家共同参与编写，力求在帮助学校推动 BIM 教学的同时，还能助力企业培养应用型 BIM 专业人才。

本教材的共建单位包括中建八局第一建设有限公司、广州市市政集团有限公司、广东永和建设集团有限公司、广东惠和科技集团有限公司、无锡太湖学院、茂名职业技术学院、茂名市建筑业产学研促进会、茂名市土木建筑学会等。本教材由曾浩、马德超、王彪担任主编，由高网芹、张学贤、吴熙担任副主编。本教材具体编写分工如下：曾浩编写第 4 章，马德超编写第 5 章，王彪编写第 1 章，高网芹编写第

2 章，张学贤编写第 6 章，吴熙编写第 3 章。本教材的统稿工作由曾浩负责。

最后，衷心感谢参与本教材编写的全体人员，也感谢出版社领导的重视和编辑们的努力，正是你们的辛勤付出，本教材才得以和读者见面。

在本教材编写过程中，编者尽可能地确保内容的准确性和实用性，但限于编者水平，教材中难免有疏漏之处，希望广大读者批评指正。

编　者

2023 年 11 月

资源索引

目 录

第1章 BIM概述 ⋯⋯⋯⋯⋯⋯⋯⋯ 1

1.1 BIM 的基本概念 ⋯⋯⋯⋯⋯⋯ 1

1.2 BIM 的特点 ⋯⋯⋯⋯⋯⋯⋯⋯ 3

1.3 BIM 的行业现状和发展趋势 ⋯⋯ 5

   1.3.1 国内 ⋯⋯⋯⋯⋯⋯⋯⋯⋯ 5

   1.3.2 国外 ⋯⋯⋯⋯⋯⋯⋯⋯⋯ 7

1.4 各阶段 BIM 的应用 ⋯⋯⋯⋯⋯ 7

   1.4.1 BIM 在设计阶段的应用 ⋯⋯ 7

   1.4.2 BIM 在施工阶段的应用 ⋯⋯ 12

   1.4.3 BIM 在运维阶段的应用 ⋯⋯ 14

1.5 建模精度 ⋯⋯⋯⋯⋯⋯⋯⋯⋯ 15

本章小结 ⋯⋯⋯⋯⋯⋯⋯⋯⋯⋯⋯ 17

第2章 BIM建模 ⋯⋯⋯⋯⋯⋯⋯⋯ 18

2.1 Revit 界面介绍 ⋯⋯⋯⋯⋯⋯⋯ 18

   2.1.1 Revit 的启动 ⋯⋯⋯⋯⋯⋯ 18

   2.1.2 Revit 的界面 ⋯⋯⋯⋯⋯⋯ 20

   2.1.3 基本术语 ⋯⋯⋯⋯⋯⋯⋯ 31

2.2 Revit 基础操作 ⋯⋯⋯⋯⋯⋯⋯ 33

   2.2.1 图元限制及临时尺寸 ⋯⋯⋯ 33

   2.2.2 图元的选择 ⋯⋯⋯⋯⋯⋯ 33

   2.2.3 图元的编辑 ⋯⋯⋯⋯⋯⋯ 34

   2.2.4 快捷操作命令 ⋯⋯⋯⋯⋯ 37

2.3 项目准备 ⋯⋯⋯⋯⋯⋯⋯⋯⋯ 38

   2.3.1 项目信息 ⋯⋯⋯⋯⋯⋯⋯ 39

   2.3.2 项目单位 ⋯⋯⋯⋯⋯⋯⋯ 39

2.4 标高、轴网、参照平面 ⋯⋯⋯ 40

   2.4.1 标高 ⋯⋯⋯⋯⋯⋯⋯⋯⋯ 40

   2.4.2 轴网 ⋯⋯⋯⋯⋯⋯⋯⋯⋯ 43

   2.4.3 参照平面 ⋯⋯⋯⋯⋯⋯⋯ 44

2.5 建筑柱、结构柱 ⋯⋯⋯⋯⋯⋯ 45

2.6 墙体 ⋯⋯⋯⋯⋯⋯⋯⋯⋯⋯⋯ 46

   2.6.1 墙体概述 ⋯⋯⋯⋯⋯⋯⋯ 46

   2.6.2 墙体的创建 ⋯⋯⋯⋯⋯⋯ 46

2.7 楼板、天花板、屋顶 ⋯⋯⋯⋯ 52

   2.7.1 楼板的创建 ⋯⋯⋯⋯⋯⋯ 52

   2.7.2 天花板的创建 ⋯⋯⋯⋯⋯ 55

   2.7.3 屋顶的创建 ⋯⋯⋯⋯⋯⋯ 56

2.8 常规幕墙 ⋯⋯⋯⋯⋯⋯⋯⋯⋯ 60

   2.8.1 幕墙绘制 ⋯⋯⋯⋯⋯⋯⋯ 60

   2.8.2 幕墙网格划分 ⋯⋯⋯⋯⋯ 66

2.9 门窗构件 ⋯⋯⋯⋯⋯⋯⋯⋯⋯ 69

   2.9.1 插入门窗 ⋯⋯⋯⋯⋯⋯⋯ 69

   2.9.2 编辑门窗 ⋯⋯⋯⋯⋯⋯⋯ 70

2.10 楼梯、扶手、洞口、坡道 ⋯⋯ 71

   2.10.1 楼梯的创建 ⋯⋯⋯⋯⋯⋯ 71

   2.10.2 扶手的创建 ⋯⋯⋯⋯⋯⋯ 76

   2.10.3 坡道的创建 ⋯⋯⋯⋯⋯⋯ 77

   2.10.4 洞口的创建 ⋯⋯⋯⋯⋯⋯ 78

2.11 渲染与漫游 ⋯⋯⋯⋯⋯⋯⋯⋯ 80

   2.11.1 设置构件材质 ⋯⋯⋯⋯⋯ 80

   2.11.2 创建相机视图 ⋯⋯⋯⋯⋯ 81

   2.11.3 渲染 ⋯⋯⋯⋯⋯⋯⋯⋯⋯ 82

   2.11.4 漫游的创建与编辑方法 ⋯ 83

本章小结 ⋯⋯⋯⋯⋯⋯⋯⋯⋯⋯⋯ 85

第3章 标准化出图与管理 ⋯⋯⋯⋯ 86

3.1 创建图纸和布置视图 ⋯⋯⋯⋯ 86

   3.1.1 创建图纸 ⋯⋯⋯⋯⋯⋯⋯ 86

   3.1.2 设置项目信息 ⋯⋯⋯⋯⋯ 87

   3.1.3 放置视图 ⋯⋯⋯⋯⋯⋯⋯ 88

   3.1.4 将明细表添加到视图中 ⋯ 89

   3.1.5 分割视图 ⋯⋯⋯⋯⋯⋯⋯ 89

3.2 激活视图 ················ 90

3.3 导向轴网及对齐视图 ········ 90

3.4 图纸打印与导出 ·········· 92

   3.4.1 图纸打印 ··········· 92

   3.4.2 图纸导出 ··········· 93

3.5 模型数据的引用与管理 ······ 95

   3.5.1 模型链接 ··········· 95

   3.5.2 工作集 ············ 95

   3.5.3 模型拆分与组合原则 ···· 96

   3.5.4 创建与使用工作集 ····· 96

本章小结 ················· 99

第4章　实战应用 ············ 100

4.1 小别墅实战案例 ·········· 100

   4.1.1 项目概况 ·········· 100

   4.1.2 项目信息设置 ········ 101

   4.1.3 绘制标高和轴网 ······ 101

   4.1.4 绘制柱 ············ 102

   4.1.5 绘制墙 ············ 104

   4.1.6 绘制门窗 ·········· 105

   4.1.7 绘制楼板、阶梯和散水 ·· 107

   4.1.8 绘制楼梯和扶手 ······ 107

   4.1.9 绘制二层 ·········· 108

   4.1.10 绘制屋顶 ········· 108

   4.1.11 创建图纸 ········· 109

   4.1.12 模型渲染 ········· 110

4.2 中型建筑实战案例（结构）·· 110

   4.2.1 项目概况 ·········· 110

   4.2.2 项目成果展示 ········ 111

   4.2.3 新建项目 ·········· 111

   4.2.4 基本建模 ·········· 113

   4.2.5 新建基础 ·········· 117

   4.2.6 新建结构柱 ········· 121

   4.2.7 新建结构梁 ········· 121

   4.2.8 新建结构板 ········· 122

4.3 中型建筑实战案例（建筑）·· 122

   4.3.1 项目概况 ·········· 122

   4.3.2 项目成果展示 ········ 123

   4.3.3 项目建模的步骤与方法 ·· 123

4.4 大型综合体实战案例（结构）· 132

   4.4.1 项目概况 ·········· 132

   4.4.2 项目流程 ·········· 132

   4.4.3 新建项目 ·········· 132

   4.4.4 基本建模 ·········· 134

   4.4.5 基本建模应用 ········ 154

4.5 大型综合体实战案例（建筑）· 158

   4.5.1 项目概况 ·········· 158

   4.5.2 项目成果展示 ········ 158

   4.5.3 项目建模的步骤与方法 ·· 159

本章小结 ················· 163

第5章　BIM应用拓展 ········· 164

5.1 BIM 与 Autodesk Navisworks ·· 165

5.2 Autodesk Navisworks 的应用 ·· 167

   5.2.1 模型读取整合 ········ 167

   5.2.2 场景浏览 ·········· 169

   5.2.3 碰撞检查 ·········· 170

5.3 Fuzor 施工模拟 ·········· 173

5.4 支吊架有限元计算 ········ 179

本章小结 ················· 182

第6章　BIM一级建模师培训 ···· 183

6.1 一级建模历年真题 ········ 183

6.2 真题答案及分析 ·········· 189

本章小结 ················· 214

附录1　BIM模型规划标准 ······ 215

附录2　构件规格必要项目 ······ 219

参考文献 ················· 224

第 1 章
BIM 概述

📖 **本章导读**

党的二十大报告中指出，科技是第一生产力、人才是第一资源、创新是第一动力。因此，我们在施工方面要不断采用"四新"技术，在管理方面要加大对数字化、信息化、BIM技术、智慧工地建设等的投入，用科技手段不断提高全要素生产率。

建筑信息模型（Building Information Modeling，BIM）是以建筑工程项目的各项相关信息数据作为模型的基础，进行建筑模型的建立，通过数字信息仿真模拟建筑物所具有的真实信息。本章在介绍 BIM 的起源及基本概念的基础上，介绍了 BIM 的特点及主要应用价值，并展望了 BIM 良好的应用前景。

📖 **学习重点**

（1）BIM 的基本概念。
（2）BIM 的特点。
（3）BIM 的发展与应用。

1.1 BIM 的基本概念

BIM 的理论基础主要源于制造行业集 CAD、CAM 于一体的计算机集成制造系统（Computer Integrated Manufacturing System，CIMS）理念和基于产品数据管理与标准的产品信息模型。1975 年"BIM 之父"Eastman 教授在其研究的课题"Building Description System"中提出"a computer-based description of a building"，以便于实现建筑工程的可视化和量化分析，提高工程建设效率。但在当时流传速度较慢，直到 2002 年，由 Autodesk 公司正式发布《BIM 白皮书》后，由 BIM 教父 Jerry Laiserin 对 BIM 的内涵和外延进行了界定，并把 BIM 一词推广流传。随着 BIM 在国外的发展，我国也加入了

BIM 研究的国际阵容当中，但结合 BIM 技术进行项目管理的研究才刚刚起步，结合 BIM 技术进行项目运营管理的研究就更为稀少。

当前社会发展正朝着集约经济转变，建筑业需要精益求精的建造时代已经来临。当前，BIM 已成为工程建设行业的一个热点，在政府部门相关政策的指引和行业的大力推广下将迅速普及。

BIM 是以三维信息模型作为基础，对项目从设计、施工、建造到后期运营维护的所有相关信息进行集成，并对工程项目信息做出详尽的表达。BIM 是数字技术在建筑工程中的直接应用，能使设计人员和工程技术人员对各种建筑信息做出正确的应对，并为协同工作提供坚实的基础；同时能使建筑工程在全生命周期的建设中有效地提高效率，并大量减少成本与风险。

BIM 在建筑全生命周期内（图 1-1），通过参数化建模来进行建筑模型的数字化和信息化管理，从而实现各个专业在设计、建造、运营维护阶段的协同工作。

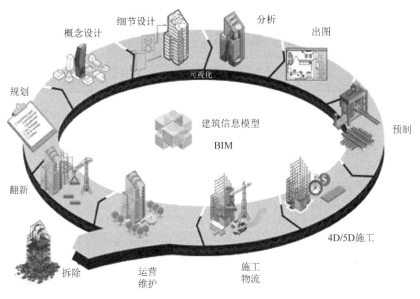

图 1-1

国际智慧建造组织（building SMART International，bSI）对 BIM 的定义如下。

（1）第一层次是"Building Information Model"，中文为"建筑信息模型"，bSI 这一层次的解释为：建筑信息模型是一个工程项目物理特征和功能特性的数字化表达，可以将其作为该项目相关信息的共享知识资源，为项目全生命周期内的所有决策提供可靠的信息支持。

（2）第二层次是"Building Information Modeling"，中文为"建筑信息模型应用"，bSI 对这一层次的解释为：建筑信息模型应用是在设计、施工和运营维护等全生命周期各阶段业务过程中通过创建与运用项目数据，使项目各参与方在同一时间内能够通过不同的技术平台数据互用相同的信息。

（3）第三层次是"Building Information Management"，中文为"建筑信息管理"，bSI 对这一层次的解释为：建筑信息管理是指通过使用建筑信息模型内的信息来支持项目全生命周期信息共享的业务流程组织和控制过程，建筑信息管理的效益包括集中和可视化沟通、更早进行多方案比较、可持续分析、高效设计、多专业集成、施工现场控制、竣工资料记录等。

由上面可知，三个层次的含义是相互递进的。也就是说，先要有建筑信息模型，然后才能把模型应用到工程项目建设和运维过程中去，有了前面的模型和模型应用，建筑信息管理才会成为有源之水。

1.2 BIM 的特点

常用的 BIM 技术具有可视化、一体化、参数化、仿真性、协调性、优化性、可出图性、信息完备性八大特点。

1. 可视化

可视化即"所见即所得"的形式，对于建筑业来说，可视化的作用非常大。例如，通常建筑业参与人员拿到的施工图纸，只是各个构件的信息在图纸上采用线条的绘制表达，但是其真正的构造形式还需要去自行想象。对于一般简单的构造来说，这种想象也未尝不可，但是现在建筑业的建筑形式各异，复杂造型不断推出，那么这种情况下光靠人脑去想象图纸就容易产生误解。基于此，BIM 提供了可视化的思路，将以往线条式的构件转化为一种三维的立体实物图形展示在用户面前；现在建筑业也有设计方面出效果图的需要，但是这种效果图是由专业的效果图制作团队通过识读设计绘制的线条式信息制作出来的，并不是通过构件的信息自动生成的，缺少同构件之间的互动性和反馈性，而 BIM 提到的可视化是一种能够同构件之间形成互动性和反馈性的可视化，在 BIM 中，由于整个过程都是可视化的，因此，可视化的结果不仅可以用来进行效果图的展示及报表的生成，更重要的是，项目设计、建造、运营过程中的沟通、讨论、决策都可以在可视化的状态下进行。

2. 一体化

一体化指的是 BIM 技术可进行从设计到施工再到运营维护贯穿了工程项目的全生命周期的一体化管理。BIM 技术的核心是一个由计算机三维模型所形成的数据库，不仅包含了建筑师的设计信息，而且可以容纳从设计到建成使用，甚至是使用周期终结的全过程信息。BIM 可以持续提供项目设计范围、进度及成本信息，这些信息完整可靠并且完全协调。BIM 能在综合环境中保持信息不断更新并可提供访问，使建筑师、工程师、施工人员及业主可以清楚全面地了解项目。这些信息在建筑设计、施工和管理的过程中能使项目质量提高，收益增加。BIM 在整个建筑业从上游到下游的各个企业间不断完善，从而实现项目全生命周期的信息化管理，最大化地实现 BIM 的意义。

3. 参数化

参数化建模指的是通过参数（变量）而不是数字建立和分析模型，简单地改变模型中的参数值就能建立和分析新的模型。

BIM 的参数化设计分为两部分，即"参数化图元"和"参数化修改引擎"。"参数化图元"指的是BIM 中的图元是以构件的形式出现的，这些构件之间的不同是通过参数的调整反映出来的，参数保存了图元作为数字化建筑构件的所有信息；"参数化修改引擎"指的是参数更改技术使用户对建筑设计或文档部分所做的任何改动，都可以在其他相关联部分自动反映出来。在参数化系统设计中，设计人员根据工程关系和几何关系来指定设计要求。参数化设计的本质是在可变参数的作用下，系统能够自动维护所有的不变参数。因此，参数化模型中建立的各种约束关系，正是体现了设计人员的设计意图。参数化设计可以大大提高模型的生成和修改速度。

4. 仿真性

仿真性不仅是复制模拟出工程项目的建筑模型，更重要的是能将现实中难以观察到的部分模拟出来。BIM 技术的仿真性主要体现在性能分析仿真、施工仿真、运维仿真等方面。

（1）性能分析仿真。如结构的性能分析仿真是基于 BIM 技术，由 BIM 建模员将大量的模型相关信息（几何信息、成本信息、材料性能、生产厂商、构件属性等）添加到所创建的项目结构模型中，然后将 Revit 的三维模型导入到与之相关的性能分析软件当中，经过软件分析就可得到所需要的分析结果（能耗分析、光照分析等）。

（2）施工仿真。施工仿真即通过将 BIM 模型与施工进度计划相关联，将时间信息和空间信息一起整合到可视的四维模型中，既直观又准确地反映整个项目的施工过程。在施工之前通过 BIM 进行施工仿真，可以验证项目某些难度较大的地方的施工可行性，直观了解整个施工过程。施工单位可以通过仿真结果对项目进行优化处理，提高其工作效率，保障项目施工的安全性。同时，目前大部分新建建筑的复杂性都比以往大了很多，施工过程中经常会出现专业间的冲突，比如水暖管线在施工过程中发生碰撞，导致施工人员需要提交申请单，各专业设计师需要重新对管线进行调整排布。BIM 技术的运用，可以有效地避免此类问题的发生，设计师利用所创建的多专业 BIM 模型，在虚拟环境下进行碰撞检测，并排除这些发现的碰撞，大大减少了施工成本的增加和工期的延误。

（3）运维仿真。已有相当多的研究表明，在整个建筑生命周期中，运维管理的部分占其整个生命周期的 83%。BIM 有三维模型仿真及信息搭载的优势，改善了传统的运维作业方式。传统的物业管理人员是在项目完工后才进场进行运维管理的，因此他们不但要花时间熟悉建筑物，还要针对管理进行规划，这就加大了后期运维管理的难度及成本。随着 BIM 技术在建筑业中的广泛使用，这项工具目前已经可以善用于整个建筑生命周期的管理中，原来国内只将 BIM 技术运用在施工管理中，后来才逐渐了解到它不仅可以运用到施工中，还可以运用到运维管理中。对于物业管理公司而言，若能及早将 BIM 技术运用到运维管理中，不仅可以更加了解该项目，而且有利于未来项目竣工时模型的统一，更为日后营运交付时更快地上手及规划未来的营运方向提供双重保障。

5. 协调性

协调性对于建筑业来说是重中之重。无论是设计还是施工，甚至是运维，对于协调性都非常关注。因为传统方式是各专业各自为政，并且所出的二维图纸的直观性不强，叠图也难于提前发现问题，只有问题出现了，才会组织在一起商量对策，但结果往往是为时已晚。随着 BIM 概念的提出，可以通过基于 BIM 的协调性，将二维图纸转换为三维模型去检查问题，提前优化，这样就能大大提高工作效率及改善项目品质。

在设计阶段，各专业的设计师们往往都是各做各的，经常导致各个专业间错漏碰缺问题严重，经常需要设计变更，甚至影响设计周期，耽误整体项目工期。通过 BIM 的协调性，运用相关的 BIM 软件建立数据信息模型，可以将本专业的设计结果及设计理念展现在模型之上，供其他专业的设计师参考。同时，BIM 模型中包含了各专业的数据，实现了数据共享，让设计中所有专业的设计师能够在同一个数据环境下进行作业，BIM 模型可在建筑物建造前期对各专业的碰撞问题进行协调，生成协调数据，提供出来，这样就保持了模型的统一性，大大提高了工作效率。

在施工阶段，施工人员可以通过 BIM 的协调性清楚地了解本专业的施工重点及相关专业的施工注意事项。统一的 BIM 模型可以让施工人员了解自身在施工中对其他专业是否会造成影响，从而提高施工质量。另外，通过协同平台进行的施工模拟及演示，可以将施工人员统一协调起来，对项目中施工作业的工序、工法等做出统一安排，制定流水线式的工作方式，提高施工质量，缩短施工工期。

总而言之，基于 BIM 的协调性它还可以解决如下问题：电梯井布置与其他设计布置和净空要求的协调、防火分区与其他设计布置的协调、地下排水布置与其他设计布置的协调等。

6. 优化性

事实上整个设计、施工、运营的过程就是一个不断优化的过程，当然优化和 BIM 也不存在实质性的必然联系，但在 BIM 的基础上既可以做更好的优化，又可以更好地做优化。

优化受三个因素的制约：信息、复杂程度和时间。没有准确的信息做不出合理的优化结果，BIM

模型提供了建筑物实际存在的信息，包括几何信息、物理信息、规则信息，还提供了建筑物变化以后实际存在的信息。当复杂程度高到一定程度时，参与人员本身的能力已无法掌握所有的信息，而必须借助一定的科学技术和设备的帮助。优化受时间的制约视工程的实际情况而定。现代建筑物的复杂程度大多超过参与人员本身的工作极限，BIM 及与其配套的各种优化工具提供了对复杂项目进行优化的可能。目前基于 BIM 的优化包括下面的工作。

（1）项目方案优化。将项目设计和投资回报分析结合起来，设计变化对投资回报的影响可以实时计算出来，这样业主对设计方案的选择就不会主要停留在对形状的评价上，而更多地关注哪种项目设计方案更有利于自身的需求。

（2）特殊项目的设计优化。例如，裙楼、幕墙、屋顶、大空间中到处可以看到异形设计，这些内容看起来占整个建筑的比例不大，但是往往占投资和工作量的比例却很大，而且通常其施工难度比较大、施工问题比较多。

7. 可出图性

BIM 的可出图性主要基于 BIM 应用软件，可实现建筑设计阶段或施工阶段所需图纸的输出，还可通过对建筑物进行可视化展示、协调、模拟、优化，帮助建设方出如下图纸：综合管线图（经过碰撞检查和设计修改，已消除相应错误）、综合结构留洞图（预埋套管图）、碰撞检查侦错报告和建议改进方案。

8. 信息完备性

信息完备性体现在 BIM 技术可对工程对象进行三维几何信息和拓扑关系的描述，以及完整的工程信息描述，如对象名称、结构类型、建筑材料、工程性能等设计信息；施工工序、进度、成本、质量，以及人力、机械、材料资源等施工信息；工程安全性能、材料耐久性能等维护信息；对象之间的逻辑关系；等等。

1.3 BIM 的行业现状和发展趋势

目前，数字技术已无处不在，作为面临转型升级的传统产业，建筑业将以不可阻挡的势头拥抱数字时代。BIM 技术作为国家"十四五"建筑业发展规划，明确提出加大力度推进智能建造与 BIM 技术在建筑业中的应用，进一步提升产业信息化和工业化水平，BIM 技术的应用已势不可挡。

1.3.1 国内

1. 北京

2021 年 4 月 9 日，由住房和城乡建设部信息中心主办的《中国建筑业信息化发展报告（2021）》编写启动会正式召开，主题为聚焦智能建造，旨在展现当前建筑业智能化实践，探索建筑业高质量发展路径。加快推动智能建造与新型建筑工业化协同发展，大力发展数字设计、智能生产、智能施工和智慧运维，加快 BIM 技术的研发和应用。

2021 年 10 月 12 日，北京市住房和城乡建设委员会印发《北京市房屋建筑和市政基础设施工程智慧工地做法认定关键点》，8 次提及 BIM，其中，智慧管理中提出：①实行工程施工资料电子化管理的，满足工程验收资料数字化存储并与 BIM 模型关联即可；②采用物联网、大数据、BIM 组织施工的，项目创建 BIM 模型，并在施工过程中应用 BIM+大数据、物联网、云计算、人工智能等信息技术组织施工，符合认定关键点要求的，加 0.5 分。

智慧提质中提出，应用 BIM 技术开展工程质量管理的，项目应用 BIM 技术开展三维可视化交底、工艺模拟、碰撞检查至少 1 项质量管理工作，符合认定关键点要求的，加 0.5 分。

智能建造中提出，应用 BIM 智能化方式建造的在深化设计、加工生产、运输、仓储领料、施工过程中，应用 BIM，符合认定关键点要求的，加 0.5 分。

2. 上海

2021 年 1 月 12 日，上海市黄浦区发展和改革委员会印发《黄浦区建筑节能和绿色建筑示范项目专项扶持办法》，其中指出：对 BIM 技术应用示范项目进行扶持。扶持的标准和方式为：符合 BIM 技术应用示范项目，专家评审等级合格的补贴 5 万元；专家评审等级良好的补贴 8 万元；专家评审等级优秀的补贴 10 万元。单个示范项目最高补贴 100 万元。

2021 年 12 月，上海市人民政府办公厅印发了《上海市全面推进城市数字化转型"十四五"规划》的通知，其中指出：数字化将构建城市运行新形态。数字化重新定义了城市形态和能力，数字孪生城市从概念培育期加速走向建设实施期，随着物联感知、BIM 和 CIM（城市信息模型）建模、可视化呈现等技术的加速应用，万物互联、虚实映射、实时交互的数字孪生城市将成为赋能城市实现精明增长、提升长期竞争力的核心抓手。

《2022 上海市建筑信息模型技术应用与发展报告》在上海市 2022 年 9 月 22 日举办的"2022 上海 BIM 技术应用与发展论坛暨《2022 上海市建筑信息模型技术应用与发展报告》发布会"中正式发布，其中指出：2021 年上海市新增报建项目共 2363 个，应用 BIM 技术的项目数量达 956 个，总投资 19229.9 亿元。在 2363 个报建项目中，满足规模以上项目数为 1002 个（投资额 1 亿元及以上或单体建筑面积 2 万平方米及以上），满足 BIM 技术应用条件的项目数为 932 个（建设性质为新建、改建、扩建或市政大修、轨道交通维修；项目类型中不包括园林绿化、其他项目、装修工程、修缮工程等其他项目类型），其中应用 BIM 技术的项目为 908 个，应用比例达 97%。

3. 广东

2021 年 8 月 16 日，广东省人民政府发布《广东省促进建筑业高质量发展的若干措施》，其中指出：推行智能建造。加大 BIM、互联网、物联网、大数据、云计算、人工智能、区块链等新技术在建造全过程的集成应用力度。国家机关办公建筑、国有资金参与投资建设的其他公共建筑全面采用 BIM 技术。发展 BIM 正向设计，推进 CIM 基础平台建设，推动 BIM 技术和 CIM 基础平台在智能建造、城市体检、建筑全生命周期协同管理等领域的深化应用。加强智能建造、"机器代人"等应用场景建设，推动重大产品集成和示范应用。企业购置、使用智能建造专用设备符合条件的，可按规定享受投资抵免企业所得税政策。

2022 年 1 月 12 日，广东省住房和城乡建设厅发布《广东省住房和城乡建设厅等部门关于推动智能建造与建筑工业化协同发展的实施意见》，其中指出：到 2023 年年末，智能建造相关标准体系、评价体系初步建立，智能建造与建筑工业化协同发展的政策体系和产业体系基本形成。到 2025 年年末，智能建造相关标准体系与评价体系趋于完善，形成较为完整的智能建造与建筑工业化协同发展的政策体系和产业体系，建筑工业化、数字化、智能化水平显著提高，劳动生产率大幅提升，能源消耗及污染排放大幅下降，环境保护成效显著，实现经济效益与社会效益的双赢。到 2030 年年末，智能建造与建筑工业化协同发展居于国内领先地位，相关政策体系和产业体系全面建成，实现研发、生产、施工、监管、运营等全产业链协同发展，建筑业工业化、数字化、智能化水平显著提高，行业劳动生产率进一步提升，推进建造过程零污染排放，助力碳排放达到峰值。

1.3.2 国外

国外发达国家经过多年的发展与完善，积累了大量 BIM 技术实践经验，下面将概述美国、北欧、英国和新加坡 BIM 技术的发展。

1. 美国

美国是较早启动建筑业信息化研究的国家，发展至今，其 BIM 的研究与应用都走在世界前列。目前，美国大多数建筑项目已经开始应用 BIM，BIM 的应用点种类繁多，而且存在各种 BIM 协会，也出台了各种 BIM 标准。2012 年，美国工程建设行业采用 BIM 的比例从 2007 年的 28% 增长至 71%，其中 74% 的承包商已经在实施 BIM，超过了建筑师（70%）及机电工程师（67%）。

2. 北欧

北欧国家包括丹麦、瑞典、挪威、芬兰和冰岛，是一些主要的建筑业信息技术的软件厂商所在地，如 Tekla 和 Solibri，而且对起源于匈牙利的 ArchiCAD 的应用率也很高。因此，这些国家是全球最先一批采用基于模型的设计的国家，它们同时也在积极推动建筑信息技术的互用性和开放标准（主要指 IFC）。北欧国家冬天漫长多雪，这使得建筑的预制化非常重要，同时也促进了包含丰富数据、基于模型的 BIM 技术的发展，促使这些国家及早地进行了 BIM 的部署。

3. 英国

英国推动 BIM 的发展除政府政策外，官方组织或民间团体也积极地通过各种活动来推动 BIM 的发展。2011 年英国内阁办公室公布与推动 BIM 技术相关的政府建筑政策。英国内阁推动 BIM 的愿景包括：英国建筑产业的发展，英国在国际建筑市场份额的提升，带动经济成长、设施管理效率的提升。

4. 新加坡

新加坡建设局（BCA）在 1982 年就有了人工智能规划审批的想法，2011 年，BCA 就发布了新加坡 BIM 发展路线规划，规划推动整个建筑业在 2015 年前广泛使用 BIM 技术。2017 年 10 月 BCA 提出了集成数字交付（IDD）战略，鼓励建筑类公司使用数字交付。2018 年新加坡国家研究基金会（NRF）等部门提出虚拟新加坡项目，建立城市三维管理模型和平台。2019 年 NRF 继续推出了智能设施管理指南，为其整个建筑运营阶段提供保障。此外，BIM 国际专家委员会（IPE）专门讨论了新加坡建设领域如何通过技术创新进一步驱动更高程度的行业生产力，为 BCA 制定第二条 BIM 实施路线提供了主要依据。在 2021 年，BCA 继续不断推动 openBIM 的格式使用，促进机构之间及行业之间的更大协作和更清晰的沟通。

1.4　各阶段 BIM 的应用

BIM 发展至今，已经从单点和局部的应用发展到集成应用，同时也从设计阶段的应用发展到项目全生命周期的应用。

1.4.1 BIM 在设计阶段的应用

从 BIM 的发展可以看到，BIM 技术是当前世界范围内先进的综合设计施工技术，随着近年来我国建筑业的飞速发展，能源与环境问题日渐突出，节能减排、可持续发展越来越受到重视，当前国内建筑业能源浪费的现状仍需改善。设计院为满足绿色建筑的要求，纷纷将 BIM 技术与绿色建筑理念结合落实到设计之中，并借助 BIM 技术进行日照分析、风环境模拟、建筑能耗分析等辅助设计。与此同时，结合 BIM 技术可以实现多专业协同，精细化设计施工，优化施工方案。

1. 设计三维化

将建筑方案三维化，既能真实表达建筑外观形状、颜色和尺寸，又能真实表达建筑内部柱、梁、墙、板及主要设备和管道的关系，如图 1-2 和图 1-3 所示。

图 1-2

图 1-3

2. 日照分析与太阳能利用模拟

建立建筑体量模型，定性、定量分析待建建筑和其他建筑与自然环境的日照和阴影遮挡关系，满足日照要求；确定合适的建筑布局和窗户朝向，为太阳能利用（光照、发电、制热等）提供定量、定性化的分析数据，用以指导和验证太阳能利用设计，如图 1-4 所示。

3. 室外风环境模拟分析

建立建筑体量模型，定性、定量分析待建建筑的室外风环境及不同高度建筑表面的风压，为建筑布局、外部园林空间设计以及建筑的幕墙设计提供依据，并对设计进行室外风环境验证。

4. 建筑功能空间模拟分析

对建筑功能空间进行模拟，模拟验证使用空间设计是否合理（如净空高度、空间大小是否满足设备设施的要求），模拟验证通道空间设计是否合理（如验证大型设备设施能否从建筑外部进入建筑内部功能房间），模拟验证相关联使用空间的位置关系是否合理，如图 1-5 所示。

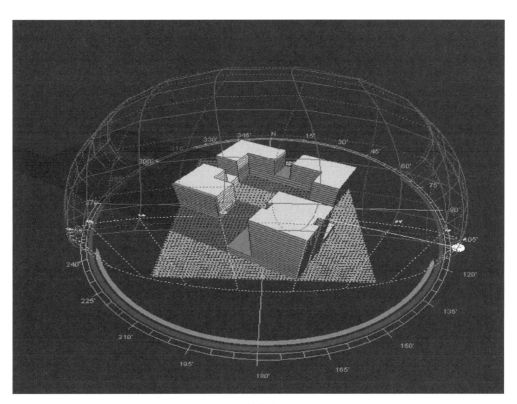

图 1-4

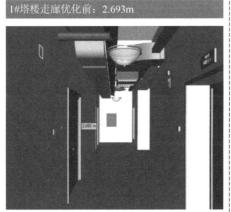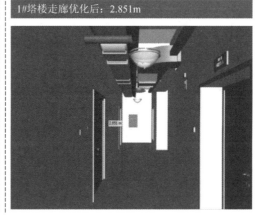

图 1-5

5. 灾害模拟分析

模拟火灾、地震等灾害发生时，逃生时间、逃生措施是否满足要求，指导和验证建筑安全措施设计是否合理。

6. 设计三维化与二维出图

对二维施工图进行三维化设计表达，利用三维模型出分专业的二维施工图及节点详图。

7. 室内采光分析

对建筑主要功能房间进行自然采光分析，利用定性、定量的分析结果指导采光设计及灯光布置；对采光设计进行验证。

8. 室内风环境模拟分析

对建筑主要功能房间进行风环境模拟分析，利用定性、定量的分析结果来优化室内窗户、通风通道的布置，装修布置及通风与空气调节设计等；对室内风环境设计进行验证。

9. 建筑节能分析与能效评价

对建筑维护结构和室内外热交换的热工性能进行分析，指导建筑维护材料选用和节能构造设计；对建筑节能设计进行验证。

10. 噪声分析

模拟分析室外环境噪声对室内的影响，指导采用合适的构造隔离措施，弱化噪声对使用空间的影响。

11. 管线综合与碰撞报告

将建筑、结构、通风、消防、给排水、强电、弱电等多专业模型集成，发现设计冲突和设计错误，报告冲突和错误，如图 1-6 所示。

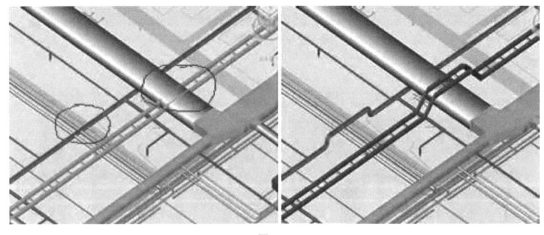

图 1-6

12. 管线深化与优化

对管线与结构、管线之间、管线与设备的冲突加以消除，并尽量减少折弯及管径调整，满足各流体在管道中流动的设计规范要求，优化管道连接件。

13. 装饰效果模拟

模拟分析多种视角、多种光照条件下的装饰装修效果，最终以漫游视频和照片的形式表达装饰效果、装饰构造和装饰做法，如图 1-7 所示。

14. 工程量统计与造价计算分析

按预算要求计算建筑结构、钢筋、幕墙、装饰、机电安装等单位工程工程量、单位工程造价、单项工程造价与工程总造价，如图 1-8 和图 1-9 所示。

图 1-7

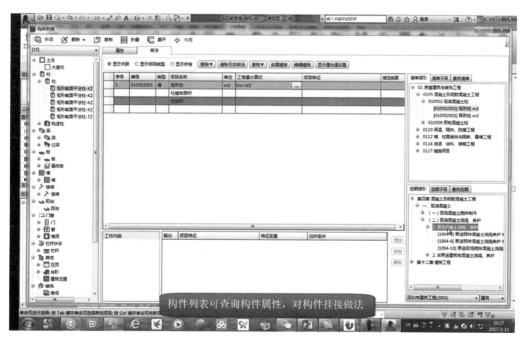

图 1-8

图 1-9

1.4.2 BIM 在施工阶段的应用

施工阶段是整个项目建设工程中资源、费用消耗最集中的一环，在施工阶段，合理应用以 BIM 为代表的信息技术，将会对整个工程的成本、质量及工程进度产生重大影响。

1. BIM 模型细化与模型维护

将 BIM 模型按施工建成后的实际情况进行细化，即在施工前，先模拟出施工完成后的效果；持续对 BIM 模型进行维护，形成各个工作阶段不同版本的 BIM 模型，如图 1-10 所示。

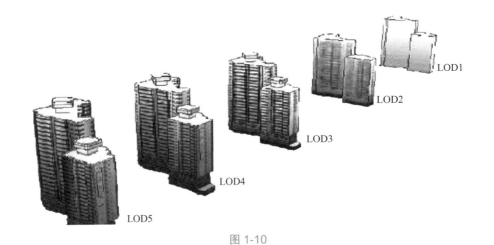

图 1-10

2. 管线深化和优化

按施工的要求进一步深化和优化管线布置方式和冲突避让方式，便于实际施工安装和维修更换管件。

3. 预留预埋定位出图

按优化后的 BIM 模型生成管线穿墙、穿板的套管定位图纸，预留幕墙安装的连接和承重构造，如图 1-11 所示。

4. 综合支吊架设计

按优化后的模型布置出满足承重要求的综合支吊架，确定型号及支吊架安装定位。

5. 计量支付

按时间、进度、部位统计工程量，进行进度量的确认和造价确认。

6. 复杂节点模型表达

对复杂节点详细构造进行建模，表达出复杂节点的构造和做法，便于施工人员理解设计。

7. 模型指导施工

对 BIM 模型进行分解或者剖切，形成节点详图，指导施工人员按模型进行施工。

8. 进度控制

通过模型表达施工进度，包括计划进度、实际进度，以及计划进度与实际进度的差异。

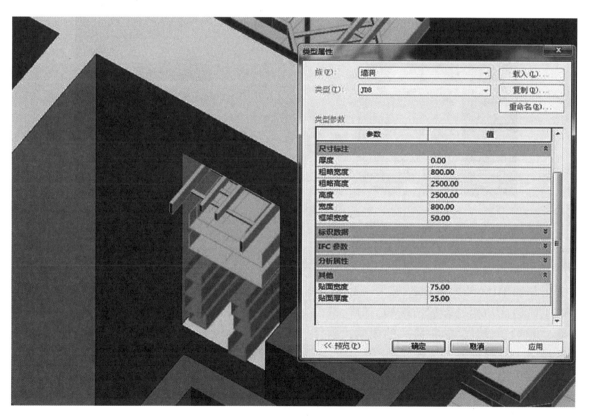

图 1-11

9. 质量与安全控制

将施工质量问题和安全问题与 BIM 模型进行关联，清晰表达质量与安全问题。

10. 计量支付与变更分析

快速分析比较变更对工程量的变化，进行不同变更方案的比较。

11. 施工现场布置

模拟施工现场施工设备设施、堆料、运输等内容，提高施工安全性，优化现场。

12. 施工安排

用 BIM 模型按时间节点生成人工计划、用料计划，指导施工管理安排。

13. 下料计算

通过 BIM 模型精确指导下料，进行施工材料的裁剪、制作，并按施工进度进行备料。

14. 技术交底

通过 BIM 模型表达设计（图 1-12），沟通设计意图，沟通技术要求。

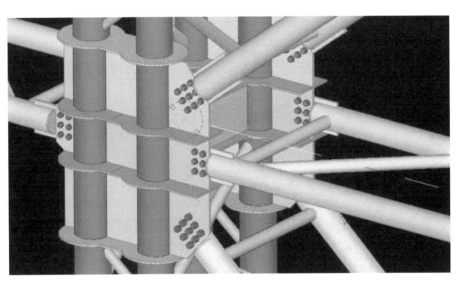

图 1-12

1.4.3 BIM 在运维阶段的应用

随着近年来 BIM 的发展和普及，一大批项目在设计和建造过程中应用了 BIM 技术。BIM 技术在设计、施工阶段的应用已经逐渐成熟，但在运维方面，BIM 技术的应用还是凤毛麟角。从建筑全生命周期来看，相对于设计、施工阶段的周期，项目运维阶段往往需要几十年甚至上百年，此阶段需要处理的数据量巨大且很复杂，从规划勘察阶段的地质勘察报告、设计各专业的 CAD 出图、施工各工种的组织计划，到运维各部门的保修单等，如果没有一个好的运维管理平台协调处理这些数据，很可能会导致某些关键数据的永久丢失，而不能及时、方便、有效地检索到需要的信息，更不用说基于这些基础数据进行数据挖掘、分析决策了。因此，作为建筑全生命周期中最长的过程，BIM 在运维阶段的应用是重中之重。

1. 数据的形式与保存

传统运维数据是采用 CAD 图纸加表格的形式呈现的，这种形式的数据是二维平面式的，对于运维管理人员的专业知识要求很高，并且很多时候运维方所拿到的图纸与竣工图纸由于某些原因并不相符，因而造成后期设备设施的维护与修理存在障碍；同时该种形式的数据容易产生遗漏并且很不便于保存，尤其是在建造前期，图纸容易受损、破坏，这会给后期运维带来不便。

基于 BIM 的运维方式，可以通过 BIM 模型让传统的二维平面图立体化，通过可视化的三维模型，加上参数化的概念，让运维方对项目中所有的设备、设施、构件加上属性，一目了然，即便是建筑专业知识匮乏的运维方，工作起来也很方便、简单；另外，BIM 模型相对于传统的 CAD 图纸更加容易保存与辨识，而且该模型是贯穿项目始终的，对于项目的修改、校正都有描述，能让运维方清楚地知道项目中的注意点，便于今后的工作。

2. 方便存储设备设施维护记录

传统的维护记录是采用表格方式记录的，每次进行维护后都需要人工录入，需要耗费大量的人力、时间，且容易造成遗漏；此外，对于维护过的设备设施追踪力度不够强，不能进行提示。采用基于 BIM 的运维记录后，可以在维护后直接编入 BIM 数据平台，在平台中对所维护过的设备设施进行编辑（如维护状态），在下次打开平台时就会进行提示，方便维护工作及时进行。

同时，维护人员可以随时对 BIM 模型进行调阅，查看设备设施的信息（如来源、厂商等），方便运维方与生产厂商直接联系，避免了相互推诿或者责任不清问题的出现，大大提高了设备设施维护的效率。

3. 提高运维方的安全管理

传统方式只能通过平面图去参考灾难发生时的逃生路线及施救措施，基于 BIM 的运维方式可以通过 BIM 模型的模拟演示特性，把发生火灾、地震或其他紧急情况引起的逃生、施救、灾后重建等问题逐一模拟演示，运用三维可视化的特性告诉运维方正确的逃生路线与施救措施，在灾难发生时最大限度地减少人员伤亡和财产损失。

1.5 建模精度

模型的细致程度（LOD），英文为 Level of Details，也可译为 Level of Development。它描述了一个 BIM 模型构件单元从最低级的近似概念化的程度发展到最高级的演示级精度的步骤。美国建筑师协会（AIA）为了规范 BIM 参与各方及项目各阶段的界限，在其 2008 年的文档 E202 中定义了 LOD 的概念。这些定义可以根据模型的具体用途进行进一步的发展。

（1）LOD 100：等同于概念设计。此阶段的模型通常为表现建筑整体类型分析的建筑体量，分析包括体积、建筑朝向、每平方米造价等。

（2）LOD 200：等同于方案设计或扩大初步设计。此阶段的模型包含普遍性系统，包括大致的数量、大小、形状、位置及方向。LOD 200 模型通常用于系统分析及一般性表现目的。

（3）LOD 300：等同于传统施工图和深化施工图层次。此阶段的模型已经能很好地用于成本估算及施工协调，包括碰撞检查、施工进度计划及可视化。LOD 300 模型应当包括业主在 BIM 提交标准里规定的构件属性和参数等信息。

（4）LOD 400：此阶段的模型被认为可以用于模型单元的加工和安装。此阶段的模型更多地被专门的承包商和制造商用于加工和制造项目的构件，包括水电暖系统。

（5）LOD 500：最终阶段的模型表现的是项目竣工的情形。此阶段的模型将作为中心数据库整合到建筑运营和维护系统中去。LOD 500 模型包含业主 BIM 提交说明里制定的完整的构件参数和属性。

建筑专业 BIM 模型精度标准见表 1-1。

表 1-1 建筑专业 BIM 模型精度标准

构件	详细等级（LOD）				
	100	200	300	400	500
场地	不表示	几何信息（形状、位置和颜色等）	几何信息（模型实体尺寸、形状、位置和颜色等）	产品信息（概算）	—
墙	几何信息（模型实体尺寸、形状、位置和颜色）	技术信息（材质信息，含粗略面层划分）	技术信息（详细面层信息、材质，附节点详图）	产品信息（供应商、产品合格证、生产厂家、生产日期、价格等）	维保信息（使用年限、保修年限、维保频率、维保单位等）
散水	不表示	几何信息（形状、位置和颜色等）	—	—	—
幕墙	几何信息（嵌板+分隔）	几何信息（带简单的竖梃）	几何信息（具体的竖梃截面，并有连接构件）	技术信息（幕墙与结构连接方式）、产品信息（供应商、产品合格证、生产厂家、生产日期、价格等）	维保信息（使用年限、保修年限、维保频率、维保单位等）
建筑柱	几何信息（模型实体尺寸、形状、位置和颜色）	技术信息（带装饰面、材质等）	技术信息（材料和材质信息）	产品信息（供应商、产品合格证、生产厂家、生产日期、价格等）	维保信息（使用年限、保修年限、维保频率、维保单位等）
门、窗	几何信息（形状、位置等）	几何信息（模型实体尺寸、形状、位置和颜色等）	几何信息（门窗大样图、门窗详图）	产品信息（供应商、产品合格证、生产厂家、生产日期、价格等）	维保信息（使用年限、保修年限、维保频率、维保单位等）
屋顶	几何信息（悬挑、厚度、坡度）	几何信息（檐口、封檐带、排水沟等）	几何信息（节点详图技术信息、材料和材质信息）	产品信息（供应商、产品合格证、生产厂家、生产日期、价格等）	维保信息（使用年限、保修年限、维保频率、维保单位等）
楼板	几何信息（坡度、厚度、材质）	几何信息（楼板分层、降板、洞口、楼板边缘）	几何信息（楼板分层细部做法、洞口表达更全面）	产品信息（供应商、产品合格证、生产厂家、生产日期、价格等）	维保信息（使用年限、保修年限、维保频率、维保单位等）
天花板	几何信息（用一块整板代替，只体现边界）	几何信息（厚度、局部降板、准确分割，并有材质信息）	几何信息（龙骨、预留洞口、风口等，附节点详图）	产品信息（供应商、产品合格证、生产厂家、生产日期、价格等）	维保信息（使用年限、保修年限、维保频率、维保单位等）

构件	详细等级（LOD）				
	100	200	300	400	500
楼梯（含坡道、台阶）	几何信息（形状）	几何信息（详细建模，有栏杆）	几何信息（楼梯详图）	建造信息（安装日期、操作单位等）	维保信息（使用年限、保修年限、维保频率、维保单位等）
电梯（直梯）	几何信息（电梯门，带简单二维码符号表示）	几何信息（详细的二维符号表示）	几何信息（节点详图）	产品信息（供应商、产品合格证、生产厂家、生产日期、价格等）	维保信息（使用年限、保修年限、维保频率、维保单位等）
家具	—	几何信息（形状、位置和颜色等）	几何信息（尺寸、位置和颜色等）	产品信息（供应商、产品合格证、生产厂家、生产日期、价格等）	维保信息（使用年限、保修年限、维保频率、维保单位等）

本 章 小 结

　　本章主要介绍了 BIM 的基本概念、BIM 的特点、BIM 的行业现状和发展趋势，以及 BIM 在各阶段的应用等，通过对本章的学习希望读者能更全面深入地了解 BIM。

第 2 章
BIM 建模

📚 **本章导读**

学习 BIM 最好的方法就是先动手创建 BIM 模型，再通过软件建模的操作学习，不断深入理解 BIM 的理念。Revit 系列软件自 2004 年进入中国以来，已成为最流行的 BIM 模型创建工具，越来越多的设计企业和工程公司使用它来完成三维设计工作和 BIM 模型创建工作。本书所介绍的 BIM 建模将在 Revit 2020 中进行操作。在学习具体的软件命令之前，我们先熟悉软件界面，再学习 Revit 的基本操作流程。

本章分为两部分，第一部分主要介绍 Revit 的界面和基本工具的操作，第二部分主要介绍建筑模型的基础操作，对项目案例构件的建模命令、思路、流程进行叙述和操作，让读者能够快速地建立模型和熟悉模型操作。

📚 **学习重点**

（1）建模的基础。
（2）构件的创建。

2.1 Revit 界面介绍

图 2-1 所示为在项目编辑模式下 Revit 的界面形式。

2.1.1 Revit 的启动

Revit 是标准的 Windows 应用程序，可以通过双击快捷键方式启动 Revit 主程序。启动 Revit 后，系统会默认显示"最近使用的文件"界面。如果在启动 Revit 时，不希望显示"最近使用的文件"界面，则可以按以下步骤来设置。

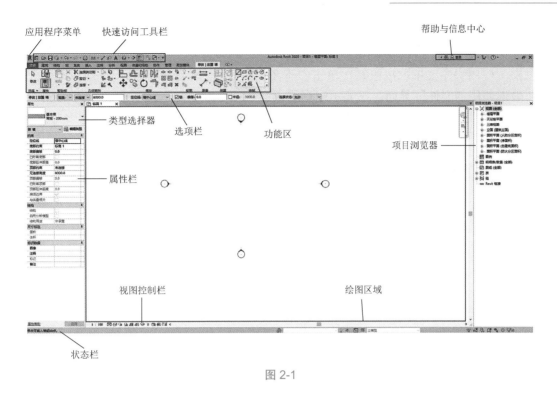

应用程序菜单　快速访问工具栏　　　　　　　　　　　　　　　帮助与信息中心

类型选择器

选项栏　　　　功能区

项目浏览器

属性栏

视图控制栏　　　　　　　　　　　　　　　　绘图区域

状态栏

图 2-1

（1）启动 Revit，单击左上角的"应用程序菜单"按钮 R ，在菜单中选择位于右下角的 选项 按钮，弹出"选项"对话框，如图 2-2 所示。

图 2-2

（2）在"选项"对框中，切换至"用户界面"选项卡，取消选中"在家时启用最近使用的文件列表"复选框，设置完成后单击 ____确定____ 按钮，退出"选项"对话框。

（3）单击"应用程序菜单"按钮 **R**，单击右下角的 退出Revit 按钮关闭 Revit。重新启动 Revit，此时将不再显示"最近使用的文件"界面，仅显示空白界面。

（4）使用相同的方法，选中"选项"对话框中"在家时启用最近使用的文件列表"复选框并单击 ____确定____ 按钮，将重新启用"最近使用的文件"界面。

2.1.2 Revit 的界面

Revit 2020 的应用界面如图 2-3 所示。在主页中，主要包括模型和族两大区域，分别用于打开或创建模型以及打开或创建族。在 Revit 2020 中，已整合了包括建筑、结构、机电各专业的功能，因此，在模型区域中，提供了建筑、结构、机械、构造等项目创建的样本文件。单击"新建"按钮，选择不同类型的项目样本文件，将采用各项目默认的项目样板进入新项目创建模式。

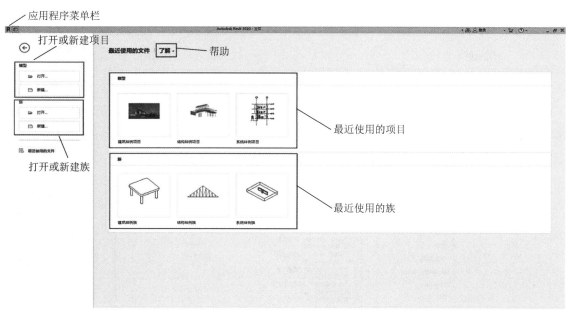

图 2-3

项目样板是 Revit 工作的基础。在项目样板中预设了新建的项目所有默认设置，包括长度单位、轴网标高样式、墙体类型等。项目样板仅为项目提供默认预设的工作环境，在项目创建过程中，Revit 允许用户在项目中自定义和修改这些默认设置。

如图 2-4 所示，在"选项"对话框中，切换至"文件位置"选项卡，可以查看 Revit 中各类项目所采用的样板设置。在该对话框中，还允许用户添加新的样板快捷方式，单击"浏览"按钮指定采用的项目样板。

还可以通过单击"应用程序菜单"按钮 **R**，在列表中选择"新建"→"项目"选项（图 2-5），将弹出"新建项目"对话框，如图 2-6 所示。在该对话框中可以指定新建项目时要采用的样板文件，除可以选择已有的样板快捷方式外，还可以单击"浏览"按钮指定其他样板文件创建项目。在图 2-6 所示对话框中，选择"新建"的项目为"项目样板"的方式，用于自定义项目样板。

图 2-4

图 2-5

图 2-6

Revit 提供了完善的帮助文件系统，以方便用户在遇到使用困难时查阅。可以随时单击"帮助与信息中心"栏中的 Help 按钮 ❓帮助 或按 F1 键，打开帮助文档进行查阅。目前，Revit 已将帮助文件以在线的方式提供，因此必须链接 Internet 才能正常查看帮助文档。

1.应用程序菜单

单击左上角的"应用程序菜单"按钮 R 可以打开应用程序菜单列表，如图 2-7 所示。应用程序菜单按钮类似于传统界面下的"文件"菜单，包括"新建""保存""打印""关闭"等命令均可以在此菜单下执行。在应用程序菜单中，可以单击各菜单右侧的箭头查看每个菜单项的展开选择项，然后单击列表中各选项执行相应的操作。单击应用程序菜单右下角的"选项"按钮，可以打开"选项"对话框，如图 2-8 所示。在"用户界面"选项卡中，用户可以根据自己的工作需要自定义出现在功能区域的选项卡命令，并自定义快捷键，如图 2-9 所示。

图 2-7

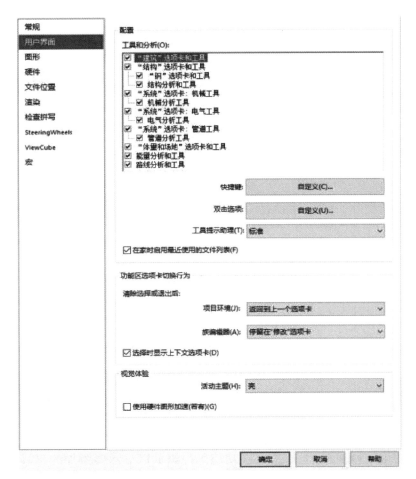

图 2-8

图 2-9

2. 快速访问工具栏

快速访问工具栏包含一组常用的工具，用户可以根据实际命令使用频率，对该工具栏进行自定义编辑。

默认情况下快速访问工具栏包含的项目见表 2-1。

表 2-1　默认情况下快速访问工具栏包含的项目

快速访问工具栏项目	说明
（打开）	打开项目、族、注释、建筑构件或 IFC 文件
（保存）	用于保存当前的项目、族、注释或样板文件
（撤销）	用于在默认情况下取消上次的操作，显示在任务执行期间执行的所有操作的列表
（恢复）	恢复上次取消的操作，另外还可显示在执行任务期间所执行的所有已恢复操作的列表
（切换窗口）	单击下拉箭头，然后单击要显示切换的视图
（三维视图）	打开或创建视图，包括默认三维视图、相机视图和漫游视图
（同步并修改设置）	用于将本地文件与中心服务器上的文件进行同步
（定义快速访问工具栏）	用于自定义快速访问工具栏上显示的项目。要启用或禁用项目，请在"自定义快速访问工具栏"下拉列表上该工具的旁边单击

（1）将工具添加到快速访问工具栏中：在功能区内浏览以显示要添加的工具，在该工具上右击，然后选择"添加到快速访问工具栏"选项，如图 2-10 所示。

（2）从快速访问工具栏中删除工具：在快速访问工具栏浏览以显示要删除的工具，在该工具上右击，然后选择"从快速访问工具栏中删除"选项。

（3）移动快速访问工具栏：在快速访问工具栏上的任意一个工具旁右击，然后选择"在功能区下方显示快速访问工具栏"选项，如图 2-11 所示。

图　2-10

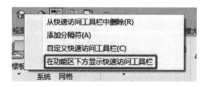

图 2-11

（4）自定义快速访问工具栏：单击快速访问工具栏最右侧的▼按钮，展开下拉列表（图 2-12），可以修改显示在快速访问工具栏中的工具，选择底部的"自定义快速访问工具栏"选项，在打开的"自定义快速访问工具栏"对话框中，可以调整工具的先后顺序、删除工具、添加分隔符等，如图 2-13 所示。

3. 功能区

功能区提供了在创建项目或族时所需要的全部工具。在创建项目文件时，功能区显示如图 2-14 所示。功能区主要由选项卡、工具面板和工具组成。

图 2-12

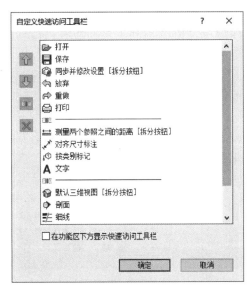

图 2-13

图 2-14

选择工具可以执行相应的命令，进入绘制或编辑状态。在本书后面章节中，会按选项卡、工具面板和工具的顺序描述操作中该工具所在的位置。例如，要执行"门"工具，将描述为选择"建筑"→"构建"→"门"。

如果同一个工具图标中存在其他工具或命令，则会在工具图标下方显示下拉箭头，单击该箭头，可以显示附加的相关工具。与之类似，如果在工具面板中存在未显示的工具，则会在面板名称位置显示下拉箭头。图 2-15 所示为墙工具中包含的附加工具。

Revit 根据各工具的性质和用途，将其分别组织在不同的面板中。如图 2-16 所示，如果存在与面板中工具相关的设置选项，则会在面板名称栏中显示斜向箭头设置按钮。单击该箭头，可以打开对应的设置对话框，对工具进行详细的通用设定。

图 2-15

图 2-16

按住鼠标左键并拖动工具面板空白位置时，可以将该面板拖曳到功能区上其他任意位置，使之成为浮动面板。要将浮动面板返回到功能区，可移动光标到面板之上，浮动面板右上角显示控制柄时，如图 2-17 所示，单击"将面板返回到功能区"符号，即可将浮动面板重新返回工作区域。注意工具面板仅能返回到其原来所在的选项卡中。

Revit 提供了三种不同的功能区面板显示状态。单击选项卡右侧的功能区状态切换符号 ▣▾，可以将功能区视图在显示完整的功能区、最小化为面板平铺、最小化为选项卡状态间循环切换。图 2-18 所示为最小化为选项卡时功能区的显示状态。

图 2-17

图 2-18

4. 选项栏

选项栏位于功能区下方，其内容因当前工具或所选图元而异。在选项栏里设置参数时，下一次会直接采用默认参数。

单击"建筑"选项卡，单击"构建"面板上的"墙"下拉按钮，在类型选择器中选择墙体类型。如图 2-19 所示，在选项栏中可设置墙体竖向定位面、墙体达到高度、水平定位线，设置"链"复选框为选中或未选中状态，设置偏移量及半径等。其中"链"是指可以连续绘制，偏移量和半径则不可以同时设置数值。在"定位线"下拉列表中，可选择墙体的定位线。

在选项栏上右击，选择"固定在底部"选项，可以将选项栏固定在 Revit 窗口的底部（状态栏上方）。

图 2-19

5. 项目浏览器

项目浏览器用于组织和管理当前项目中的所有信息，包括项目中所有视图、明细表、图纸、族、组、链接的 Revit 模型等项目资源。Revit 按逻辑层次关系组织这些项目资源，方便用户管理。展开和折叠各分支时，将显示下一层级的内容。图 2-20 所示为项目浏览器中包含的项目内容。项目浏览器中，项目类别前显示⊞表示该类别中还包括其他子类别项目。在 Revit 中进行项目设计时，最常用的就是利用项目浏览器在各视图中切换。

在 Revit 中，可以在项目浏览器的任意栏目名称上右击，在弹出的快捷菜单中选择"搜索"选项，打开"在项目浏览器中搜索"对话框，如图 2-21 所示。可以使用该对话框在项目浏览器中对视图、族及族类型名称进行查找定位。

图 2-20

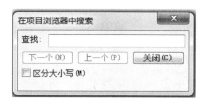

图 2-21

6."属性"选项板

"属性"选项板可以查看和修改用来定义 Revit 中图元实例属性的参数。"属性"选项板各部分的功能如图 2-22 所示。

在任何情况下，按键盘快捷键 Ctrl+1，均可以打开或关闭"属性"选项板；还可以选择任意图元，单击上下文关联选项卡中的▣按钮，或在绘图区域中右击，在弹出的快捷菜单中选择"属性"选项将其打开。可以将"属性"选项板固定到 Revit 窗口的任一侧，也可以将其拖曳到绘图区域的任意位置成为浮动面板。当选择图元对象时，"属性"选项板将显示当前所选择对象的实例属性；如果未选择任何图元，则选项板上将显示活动视图的属性。

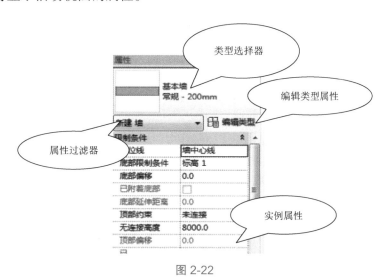

图 2-22

27

7. View Cube 和导航栏

View Cube 默认显示在屏幕右上方，如图 2-23 所示。通过单击 View Cube 的面、顶点或边，可以在模型的各立面、等轴侧视图间进行切换。按住鼠标左键并拖曳 View Cube 下方的圆环指南针，还可以修改三维视图的方向为任意方向，其作用与按住键盘 Shift 键和鼠标中键并拖曳的效果类似。

为了更加灵活地进行视图缩放控制，Revit 提供了"导航栏"工具，如图 2-24 所示。默认情况下，导航栏位于视图选项卡的"用户界面"下拉菜单中，如图 2-25 所示。在任意视图中，都可以通过导航栏对视图进行控制。

图 2-23

图 2-24

导航栏主要提供两类工具，即视图平移查看工具和视图缩放工具。单击导航栏中上方第一个圆盘图标，将进入全导航控制盘控制模式，如图 2-26 所示，全导航控制盘将跟随光标指示针的移动而移动。全导航控制盘提供"缩放""回放""平移"等命令，移动光标至全导航控制盘中所需命令位置，按住左键不动即可执行相应的操作。

图 2-25

图 2-26

8. 视图控制栏

视图控制栏位于 Revit 窗口底部、状态栏上方，通过它可以快速访问影响绘图区域的功能，如图 2-27 所示。

1 : 100

图 2-27

如图 2-28 所示，视图控制栏从左至右分别为：视图比例、视图详细程度、视觉样式、打开 / 关闭日光路径、打开 / 关闭阴影、裁剪视图、显示 / 隐藏裁剪区域、临时隐藏 / 隔离图元、显示隐藏的图元、临时视图属性、显示 / 隐藏分析模型、显示约束。注意：由于在 Revit 中各视图均采用独立的窗口显示，因此，在任何视图中进行视图控制栏的设置，均不会影响其他视图的设置。

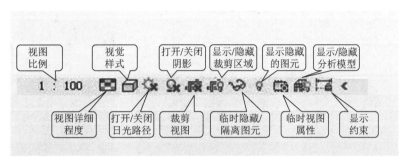

图 2-28

（1）视图比例。视图比例用于控制模型尺寸与当前视图显示之间的关系。单击视图控制栏 1：100 按钮，在比例列表中选择比例值即可修改当前视图的比例。注意无论视图比例如何调整，均不会修改模型的实际尺寸，仅会影响当前视图中添加的文字、尺寸标注等注释信息的相对大小。Revit 允许为项目中的每个视图指定不同比例，也可以创建自定义视图比例。

（2）视图详细程度。Revit 提供了三种视图详细程度：粗略、中等、精细。Revit 中的图元可以在族中定义在不同视图详细程度模式下要显示的模型。图 2-29 所示为在门族中分别定义"粗略""中等""精细"模式下图元的表现。Revit 通过视图详细程度控制同一图元在不同状态下的显示，以满足出图的要求。例如，在平面布置图中，平面视图中的窗可以显示为四条线；但在窗安装大样图中，平面视图中的窗将显示为真实的窗截面。

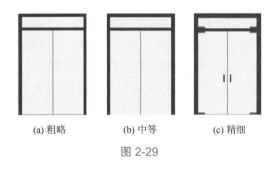

(a) 粗略　　　　　(b) 中等　　　　　(c) 精细

图 2-29

（3）视觉样式。视觉样式用于控制模型在视图中的显示方式。Revit 提供了六种显示样式：线框、隐藏线、着色、一致的颜色、真实、光线追踪。其显示效果逐渐增强，但所需要的系统资源也越来越多。一般平面或剖面施工图可设置为"线框"模式或"隐藏线"模式，这样系统消耗的资源比较少，项目运行较快。

"线框"模式是显示效果最差但速度最快的一种显示模式。在"隐藏线"模式下，图元将做遮挡计算，且不显示图元的材质颜色。"着色"模式和"一致的颜色"模式都将显示对象材质在"着色颜色"中定义的色彩，"着色"模式将根据光线设置显示图元的明暗关系，在"一致的颜色"模式下，图元将不显示明暗关系。"真实"模式与材质定义中的"外观"选项参数有关，用于显示图元渲染时的材质纹理。"光线追踪"模式将对视图中的模型进行实时渲染，效果最佳，但将消耗大量的计算机资源。

图 2-30 所示为在默认三维视图中同一段墙体在 6 种不同模式下的不同表现。

图 2-30

（4）打开 / 关闭日光路径、打开 / 关闭阴影。在"打开 / 关闭日光路径"按钮中，可以对日光进行详细设置。在视图中，可以通过"打开 / 关闭阴影"按钮在视图中显示模型的光照阴影，增强模型的表现力。

（5）裁剪视图、显示 / 隐藏裁剪区域。视图裁剪区域定义了视图中用于显示项目的范围，由两个因素决定：是否启用裁剪视图功能及是否显示裁剪区域。可以单击"显示 / 隐藏裁剪区域"按钮在视图中显示裁剪区域，再通过单击"裁剪视图"按钮将裁剪视图功能启用，并通过拖曳裁剪边界，对视图进行裁剪。裁剪后，裁剪框外的图元将不显示。

（6）临时隐藏 / 隔离图元。在视图中，选择需要临时隐藏的图元，单击"临时隐藏 / 隔离图元"按钮，在弹出的对话框中，可以根据需要对所选择的图元进行隐藏或隔离。其中"临时隐藏图元"选项将隐藏所选图元，"临时隔离图元"选项将在视图中隐藏所有未被选定的图元。可以根据图元（所有选择的图元对象）或类别（所有与被选择的图元对象属于同一类别的图元）的方式对图元的隐藏或隔离进行控制。

小提示

临时隐藏图元在关闭项目并重新打开项目时将恢复显示。

视图中被临时隐藏或隔离的图元，视图周边会显示蓝色边框。此时，再次单击"临时隐藏 / 隔离图元"按钮，可以选择"重设临时隐藏 / 隔离"选项恢复被隐藏的图元；或选择"将隐藏 / 隔离应用到视图"选项，此时视图周边蓝色边框消失，不可见图元将永久隐藏，即保存后无论任何时候，图元都将不再显示。

（7）显示隐藏的图元。如图 2-31 所示，要查看项目中隐藏的图元，可以单击视图控制栏中的"显示隐藏的图元"按钮，Revit 将会显示彩色边框，所有被隐藏的图元均会显示为亮红色。

如图 2-32 所示，单击选择被隐藏的图元，然后选择"显示隐藏的图元"→"取消隐藏图元"选项，可以恢复图元在视图中的显示。注意恢复图元显示后，务必单击"切换显示隐藏图元模式"按钮或再次单击视图控制栏中的 按钮返回正常显示模式。

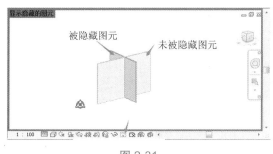

图 2-31

图 2-32

（8）临时视图属性。临时视图属性用于对视图的可见性和图形进行暂时更改，而不会影响模板设置。单击"临时视图属性"按钮，界面会有一个深蓝色的边线框，选择"临时应用样板属性"选项，可以在弹出的对话框中选择需要针对当前视图应用的视图样板。例如，视图样板选择了"剖面"，然后视图中的构件就会按照样板所设置的显示。选择"恢复视图属性"选项，视图又将恢复原来的显示设置。

（9）显示/隐藏分析模型。临时仅显示分析模型类别：结构图元的分析线会显示一个临时视图模式，隐藏项目视图中的物理模型，仅显示分析模型类别。这是一种临时状态，并不会随项目一起保存，清除此选项将退出临时分析模型视图。

（10）显示约束。单击"显示约束"按钮，绘图区域会显示一个彩色边框，以指示当前处于该模式。在该模式下，所有限制条件都会以彩色显示，而模型图元则以半色调（灰色）显示。选择想要查看的限制条件，可以高亮显示受约束的图元。

2.1.3 基本术语

1. 样板

样板的文件格式为".rte"格式。项目样板为新项目提供了起点，包含项目单位、标注样式、文字样式、线型、线宽、线样式、导入/导出设置等内容。Revit 中提供了若干样板，用于不同的规程和建筑项目类型（图 2-33）。也可以创建自定义样板，以满足特定的需要。

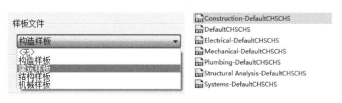

图 2-33

2. 项目

项目的文件格式为".rvt"格式。项目是单个设计信息数据库模型，包含了建筑的所有设计信息（从几何图形到构造数据），所有的建筑模型、注释、视图、图纸等项目内容。通常基于项目样板文件".rte"创建项目文件，编辑完成后保存为".rvt"文件，作为设计使用的项目，如图 2-34 所示。

3. 组

项目或族中的图元成组后，可多次放置在项目或族中。需要创建表示重复布局或通用于许多建筑项目的实体时，对图元进行分组非常有用。要保存 Revit 的组为单独的文件，可以选择的保存格式为".rvt"，需要用到组时可以使用插入选项卡下的"作为组载入"命令，如图 2-35 所示。

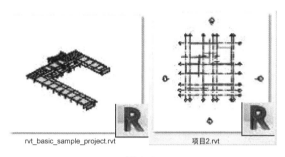

图 2-34   图 2-35

4. 族

族是 Revit 的重要基础。Revit 的任何单一图元都由某一个特定的族产生，如一扇门、一扇墙、一个尺寸标注、一个图框。由一个族产生的各图元均具有相似的属性或参数。例如，对于一个平开门族，由该族产生的图元可以具有高度、宽度等参数，但具体每个门的高度、宽度的值可以不同，这是由该族的类型或实例参数定义来决定的。

Revit 包含以下三种族。

（1）可载入族。

可载入族是指单独保存为族".rfa"格式的独立族文件，且可以随时载入项目中。Revit 提供了族样板文件（文件格式为".rft"格式），允许用户自定义任何形式的族。在 Revit 中，门、窗、结构柱、卫浴装置等均为可载入族，如图 2-36 所示。

图 2-36

（2）系统族。

系统族仅能利用系统提供的默认参数进行定义，不能作为单个族文件载入或创建。系统族包括基本建筑构件，如墙、门、窗、楼板、天花板、楼梯等，如图 2-37 所示。系统族中定义的族类型可以使用"项目传递"功能在不同项目之间传递。

（3）内建族。

内建族是指在项目中新建的族，它与前文介绍的可载入族的不同之处在于，"内建体量"只能存储在当前的项目文件里，不能单独存成".rfa"文件，如图 2-38 所示。

图 2-37

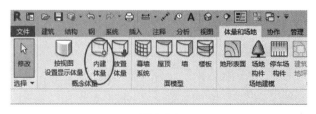

图 2-38

2.2 Revit 基础操作

2.2.1 图元限制及临时尺寸

（1）尺寸标注的限制条件。在放置永久性尺寸标注时，可以锁定这些尺寸标注。锁定尺寸标注时，即创建了限制条件，选择限制条件的参照时，会显示该限制条件（蓝色虚线），如图 2-39 所示。

（2）相等限制条件。选择一个多段尺寸标注时，相等限制条件会在尺寸标注线附近显示为一个"EQ"符号。如果选择尺寸标注线的一个参照（如墙），则会出现"EQ"符号，在参照的中间会出现一条蓝色虚线，如图 2-40 所示。"EQ"符号表示应用于尺寸标注参照的相等限制条件图元。当此限制条件处于活动状态时，参照（以图形表示的墙）之间会保持相等的距离。如果选择其中一面墙并移动它，则所有墙都将随之移动一段固定的距离。

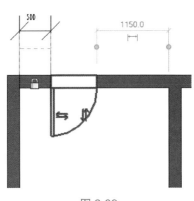

图 2-39

（3）临时尺寸。临时尺寸标注是相对最近的垂直构件创建的，并按照设计值进行递增。点选项目中的图元，图元周围就会出现蓝色的临时尺寸，修改尺寸上的数值，就可以修改图元位置。可通过移动尺寸界线来修改临时尺寸标注，以参照所需的图元，如图 2-41 所示。

单击临时尺寸标注附近出现的尺寸标注符号 ⌐，即可修改新尺寸标注的属性和类型。

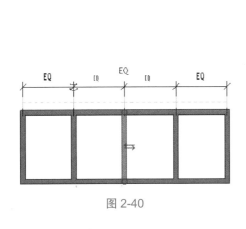

图 2-40

图 2-41

2.2.2 图元的选择

在 Revit 中，要对图元进行修改和编辑，必须选择图元。在 Revit 中可以使用 4 种方式进行图元的选择，即点选、框选、特性选择和过滤器选择。

图元的选择

（1）点选。移动光标至任意图元上，Revit 将高亮显示该图元并在状态栏中显示有关该图元的信息，单击将选择被高亮显示的图元。在选择时如果多个图元彼此重叠，可以移动光标至图元位置，循环按键盘的 Tab 键，Revit 将循环高亮预览显示各图元，当要选择的图元高亮显示后，单击将选择该图元。

（2）框选。将光标放在要选择的图元一侧，并对角拖曳光标以形成矩形边界，可以绘制范围框。当从左至右拖曳光标绘制范围框时，将生成"实线范围框"。被实线范围框全部包围的图元才能被选中；从右至左拖曳光标绘制范围框时，将生成"虚线范围框"，所有被完全包围或与范围框边界相交的图元均可被选中。

（3）特性选择。单击图元，选中后高亮显示；再在图元上右击，选择"选择全部实例"选项，在项目或视图中选择某一图元或族类型的所有实例。有公共端点的图元，在连接的构件上右击，然后选择"选择连接的图元"选项，能把这些有公共端点连接的图元一起选中。

（4）过滤器选择。选择多个图元对象后，单击状态栏中的"过滤器"按钮 ，将弹出"过滤器"对话框。在该对话框中，能查看到图元类型，也能选择部分图元或取消部分图元的选择，如图 2-42 所示，单击"确定"按钮完成。

小提示

按 Shift+Tab 组合键可按相反的顺序循环切换图元。

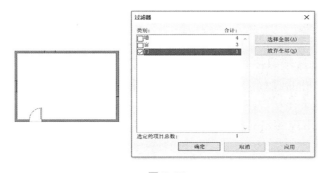

图 2-42

2.2.3 图元的编辑

图元的编辑

如图 2-43 所示，在修改面板中，Revit 提供了"移动""复制""阵列""对齐""旋转"等命令，利用这些命令可以对图元进行编辑和修改操作。

图 2-43

（1）移动 。"移动"命令能将一个或多个图元从一个位置移动到另一个位置。移动的时候，可以选择图元上的某点、某线来移动，也可以在空白处随意移动。

小提示

"移动"命令的快捷键默认为 MV。

（2）复制 。"复制"命令可复制一个或多个选定图元，并生成副本。选中图元复制时，选项栏如图 2-44 所示。可以通过选中"多个"复选框实现连续复制图元。选中"约束"复选框可以限定图元只在水平或竖直方向移动复制。

小提示

"复制"命令的快捷键默认为 CO。

图 2-44

（3）阵列▦。"阵列"命令用于创建一个或多个相同图元的线性阵列或半径阵列。在族中使用"阵列"命令，可以方便地控制阵列图元的数量和间距，如百叶窗的百叶数量和间距。阵列后的图元会自动成组，如果要修改阵列后的图元，则需进入编辑组命令，才能对成组图元进行修改。

小提示

"阵列"命令的快捷键默认为 AR。

（4）对齐▤。"对齐"命令能将一个或多个图元与选定的位置对齐。如图 2-45 所示，对齐操作时，要求先单击选择对齐的目标位置，再单击选择要对齐的对象图元，选择的对象将自动对齐至目标位置。使用"对齐"命令时，可以以任意的图元或参照平面为目标，在选择墙对象图元时，还可以在选项栏中指定首选的参照墙的位置；要将多个对象对齐至目标位置时，在选项栏中选中"多重对齐"选项即可。

小提示

"对齐"命令的快捷键默认为 AL。

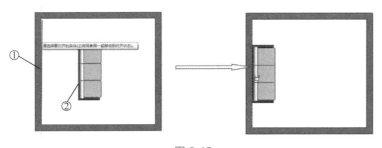

图 2-45

（5）旋转↻。"旋转"命令可使图元绕指定轴旋转。默认旋转中心位于图元中心，如图 2-46 所示，移动光标至旋转中心标记位置，按住鼠标左键不放，将光标拖曳至新的位置再松开鼠标左键，可设置旋转中心的位置。在执行"旋转"命令时，选中选项栏中的"复制"复选框可在旋转时创建所选图元的副本，而在原来位置上将保留原始对象。

小提示

"旋转"命令的快捷键默认为 RO。

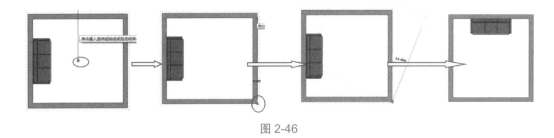

图 2-46

（6）偏移 ⟆。"偏移"命令可以对所选择的模型线、详图线、墙或梁等图元进行复制或在与其长度垂直的方向移动指定的距离。可以通过在选项栏中指定拖曳图形方式或输入距离数值方式来偏移图元。取消选中"复制"复选框时，生成偏移后的图元时将删除原图元（相当于移动图元）。

小提示

"偏移"命令的快捷键默认为 OF。

（7）镜像 ⟐⟑。"镜像"命令使用一条线作为镜像轴，对所选模型图元执行镜像（反转其位置）。确定镜像轴时，既可以拾取已有图元作为镜像轴，也可以绘制临时轴。可以通过选中或取消选中选项栏中的"复制"复选框，确定镜像操作时是否复制原对象。

（8）修剪/延伸。如图 2-47 所示，"修剪/延伸"命令共有 3 个命令，从左至右分别为"修剪/延伸为角"命令、"修剪/延伸单个图元"命令和"修剪/延伸多个图元"命令。

图 2-47

如图 2-48 所示，使用"修剪/延伸"命令时必须先选择修剪或延伸的目标位置，然后选择要修剪或延伸的对象即可。对于多个图元的修剪或延伸，可以在选择目标后，多次选择要修改的图元，这些图元都将修剪或延伸至所选择的目标位置。可以将这些工具用于墙、线、梁或支撑等图元的编辑。对于 MEP 中的管线，也可以使用"修剪/延伸"命令进行编辑和修改。

小提示

"修剪/延伸"命令的默认快捷键为 TR。

图 2-48

（9）拆分➡ ➡。"拆分"命令有 2 个命令，即"拆分图元"命令和"用间隙拆分"命令。通过"拆分"命令，可将图元分割为两个单独的部分，可删除两个点之间的线段，也可在两面墙之间创建定义的间隙。

（10）删除✖。"删除"命令可将选定的图元从绘图中删除，和用 Delete 命令直接删除效果一样。

小提示

"删除"命令的默认快捷键为 DE。

2.2.4 快捷操作命令

为提高工作效率，将常用快捷键汇总如下，具体见表 2-2 ～表 2-5。用户在任何时候都可以通过键盘输入快捷键直接访问至指定工具。

表 2-2　建模与绘图工具常用快捷键

命令	快捷键	命令	快捷键
墙	WA	对齐标注	DI
门	DR	标高	LL
窗	WN	高程点标注	EL
放置构件	CM	绘制参照平面	RP
房间	RM	模型线	LI
房间标记	RT	按类别标注	TG
轴线	GR	详图线	DL
文字	TX		

表 2-3　捕捉替代常用快捷键

命令	快捷键	命令	快捷键
捕捉远距离对象	SR	捕捉到远点	PC
象限点	SQ	点	SX
垂足	SP	工作平面网格	SW
最近点	SN	切点	ST
中点	SM	关闭替换	SS
交点	SI	形状闭合	SZ
端点	SE	关闭捕捉	SO
中心	SC		

表 2-4 编辑修改工具常用快捷键

命令	快捷键	命令	快捷键
删除	DE	对齐	AL
移动	MV	拆分图元	SL
复制	CO	修剪 / 延伸	TR
旋转	RO	偏移	OF
定义旋转中心	R3	在整个项目中选择全部实例	SA
列阵	AR	重复上一个命令	RC
镜像、拾取轴	MM	匹配对象类型	MA
创建组	GP	线处理	LW
锁定位置	PP	填色	PT
解锁位置	UP	拆分区域	SF

表 2-5 视图控制常用快捷键

命令	快捷键	命令	快捷键
区域放大	ZR	临时隐藏类别	RC
缩放配置	ZF	临时隔离类别	IC
上一次缩放	ZP	重设临时隐藏	HR
动态视图	F8	隐藏图元	EH
线框显示模式	WF	隐藏类别	VH
隐藏线显示模式	HL	取消隐藏图元	EU
带边框着色显示模式	SD	取消隐藏类别	VU
细线显示模式	TL	切换显示隐藏图元模式	RH
视图图元属性	VP	渲染	RR
可见性图形	VV	快捷键定义窗口	KS
临时隐藏图元	HH	视图窗口平铺	WT
临时隔离图元	HI	视图窗口层叠	WC

2.3 项目准备

任何项目开始前，都需要在前期进行基本设置的准备工作，从而使得各绘图人员做到设计项目单位、对象样式、线型图案、项目位置、项目标注、其他等设置统一，如图 2-49 所示，在"管理"选项卡中可进行各类基本设置。

图 2-49

2.3.1 项目信息

给项目添加项目信息，首先需处在一个项目环境下才可以对其进行设置。

（1）单击"新建"按钮打开建筑样板，单击"管理"选项卡"设置"面板中的"项目信息"按钮（图 2-50），Revit 会弹出"项目信息"对话框。

（2）"项目信息"对话框。如图 2-51 所示，"项目信息"对话框中的"其他"选项卡，其包含项目发布日期、项目状态、客户姓名、项目地址、项目名称、项目编号和审定，可以在此选项卡下设置这些信息。例如，设置项目发布日期为 2022 年 8 月 27 日，设置项目名称为独栋别墅，设置项目编号为2022001-1。单击"确定"按钮，完成编辑模式。

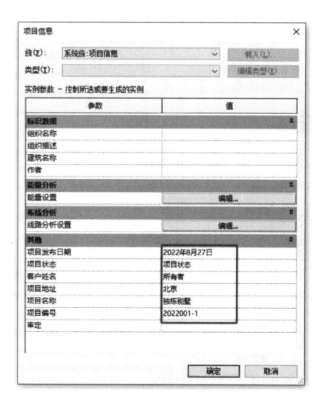

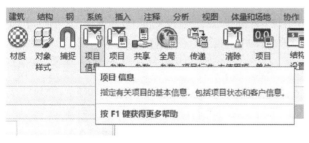

图 2-50

图 2-51

2.3.2 项目单位

单击"管理"选项卡"设置"面板中的"项目单位"按钮，弹出"项目单位"对话框，可以设置相应规程下每一个单位所对应的格式，如图 2-52 所示。例如，单击"长度"对应的格式按钮，弹出

"格式"对话框，在该对话框中设置"单位"为"毫米"、"舍入"为"0 个小数位"、"单位符号"设置为"mm"。完成后单击"确定"按钮退出对话框。

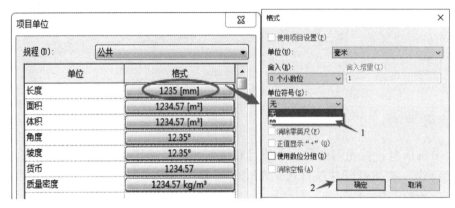

图 2-52

2.4 标高、轴网、参照平面

"标高"命令可定义垂直高度和建筑内的楼层标高。项目中的所有图元将分配并限制到相应的标高，以便确定它们在三维空间中的位置，当标高位置发生变化时，分配给标高的图元位置也会发生变化。要添加标高，必须处于剖面视图或立面视图中。添加标高时，可以创建一个关联的平面视图。

2.4.1 标高

标高

1. 添加标高

（1）新建一个建筑样板，展开项目浏览器下的"立面"子层级，双击打开任意一个立面视图，如图 2-53 所示，样板已有标高 1、标高 2，它们的标高值是以"米"为单位的。

（2）单击"建筑"选项卡下"基准"面板中的"标高"按钮，进入标高绘制状态，默认的绘制工具是"直线"。在属性栏单击类型选择器，选择对应的标头，室外地坪选择"正负零标高"，零标高以上选择"上标头"，零标高以下选择"下标头"，如图 2-54 所示。

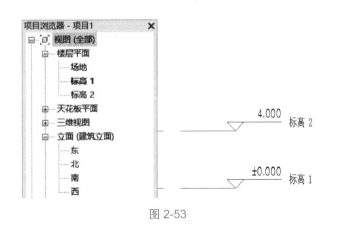

图 2-53   图 2-54

（3）在标高处于编辑状态时，单击"属性"选项板上的"编辑类型"按钮，打开"类型属性"对话框，可以修改类型属性，如图 2-55 所示。在限制条件分组中，"基面"是设置标高的起始计算位置为测量点或项目基点。图形分组中其他参数用来设置标高的显示样式。符号参数是指标高标头应用的何种标记样式。端点 1 和端点 2 用于设置标高两端标头信息的显隐。

（4）完成属性修改，单击"确定"按钮退出窗口。在标高绘制状态，光标旁会出现临时尺寸标注，以显示与其相邻最近标高线的距离。绘制起始和结束时，当光标靠近已有标高两端时，还会出现标头的标高将与其参照的标高线保持两端对齐的约束，如图 2-56 所示。

2. 复制、阵列标高

标高还可以基于已有的标高通过复制、阵列等方式来创建。复制、阵列标高通常会在楼层数量较多时使用。但是相对于绘制或拾取的标高，复制、阵列生成的标高默认不创建任何视图。所以通过复制或阵列绘制的标高要在"视图"选项卡"创建"面板中的"平面视图"工具下拉列表中选择"楼层平面"选项，弹出"新建楼层平面"窗口后，选择所有要创建的楼层平面视图，然后单击"确定"按钮退出，如图 2-57 所示。

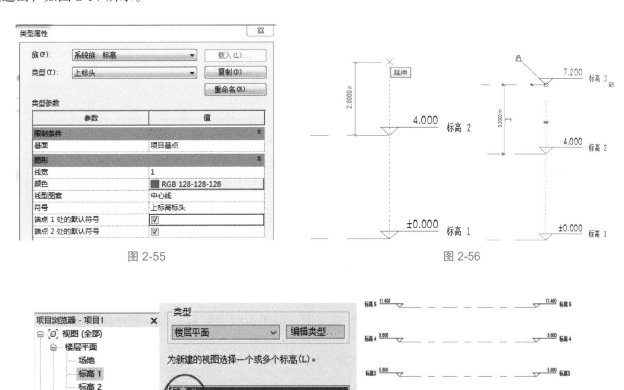

图 2-55　　　　　　　　　　　　　　　　　　　图 2-56

图 2-57

3. 修改标高

图 2-58 显示了在选中一个标高时的相关信息，隐藏编号可设置此标高右侧端点符号的显隐，功能与标高类型属性中的"端点 1（2）处的默认符号"参数类似，但此处是实例属性，如图 2-58 所示。

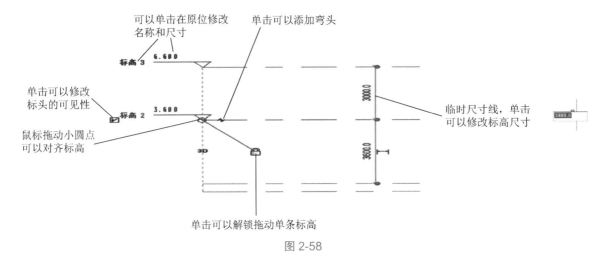

图 2-58

（1）更改标高名称。

单击标高名称，弹出"确认标高重命名"对话框，问"是否希望重命名相应视图？"，单击"是"按钮，则同时更改相应平面视图的名称，如图 2-59 所示。

图 2-59

（2）添加弯头。

标高除了可以是直线效果，还可以是折线效果，即单击选中标高，在右侧标高线上显示"添加弯头"图标。

单击蓝色圆点并拖动，可恢复到原来位置，如图 2-60 所示。

图 2-60

（3）标高锁。

标高端点锁定，单击端点圆圈拖动鼠标，更改标高长度时，相同长度的标高会一起更改；当解锁后，只更改当前移动的标高长度，如图 2-61 所示。

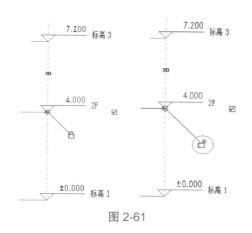

图 2-61

2.4.2　轴网

1. 绘制轴网

轴网需在平面视图中绘制，在项目浏览器中双击打开任意一个平面视图，然后选择"建筑"选项卡"基准"面板中的"轴网"命令或利用快捷键 GR 进行绘制。

单击"绘制"面板中的"直线"按钮。在视图范围内单击一点后，垂直向上移动光标到合适的距离后再次单击，绘制第一条垂直轴线，轴号为 1。利用"复制"命令绘制其余轴线。使用"复制"功能时，选中选项栏中的"约束"选项，可使轴网垂直复制，"多个"可单次多个连续复制。

继续使用"轴网"命令绘制水平轴线，移动光标到视图中 1 号轴线标头左上方的位置，单击捕捉一点作为轴线的起点，然后从左向右水平移动光标到右边最后一条轴线，再次单击捕捉轴线终点，创建第一条水平轴线。选择该水平轴线，修改标头文字为"A"，创建 A 号轴线。同上操作，再用"复制"命令绘制其余水平轴线，如图 2-62 所示。

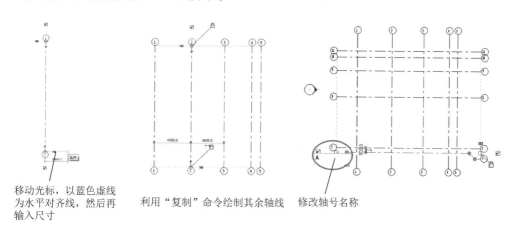

移动光标，以蓝色虚线为水平对齐线，然后再输入尺寸　　利用"复制"命令绘制其余轴线　　修改轴号名称

图 2-62

2. 标高的 2D 与 3D 属性

对于只移动单根标高的端点，则先打开对齐锁定，再拖曳轴线端点。如果轴线状态为 3D 模式，则所有平面视图里的标高端点同步联动，如图 2-63 所示；如果单击切换为 2D 模式，则只改变当前视图的标高端点位置。

图 2-63

小提示

有时会出现 2D 模式无法转变成 3D 模式的情况，此时，只有将标头拖曳到小圆圈内，才能将 2D 模式转换成 3D 模式。

3. 轴网 2D 与 3D 的影响范围

在一个视图中，调整完轴网线标头位置、轴号显示和轴号偏移等设置后，选择"轴线"→"影响范围"，在对话框中选择需要的平面或立面视图名称，可以将这些设置应用到其他视图。例如，二层做了轴网修改，而没有使用"影响范围"功能，其他层就不会有任何变化。

如果想要使轴网的变化影响到所有标高层，那么可以选中一个修改的轴网，此时将会自动激活"修改轴网"选项卡。选择"基准"面板上的"影响范围"选项，弹出"影响范围视图"对话框。选择需要影响的视图，单击"确定"按钮，所选视图轴网就会与其做相同的调整。

小提示

在制图流程中通常是先绘制标高，再绘制轴网。这样一来，在立面视图中，轴号将显示在最上层的标高上方，也就决定了轴网在每一个标高的平面视图中可见。

如果先绘制轴网再绘制标高，或者是在项目进行中新添加了某个标高，则有可能在新添加标高的平面视图中不可见。其原因是：在立面上，轴网在 3D 模式下需要和标高视图相交，即轴网的基准面与视图平面相交，则轴网在此标高的平面视图上可见。

2.4.3 参照平面

在"建筑"选项卡上，单击"参照平面"按钮，打开"修改 | 放置 参照平面"上下文选项卡，有如下两种绘制方式。

（1）绘制一条线。在"绘制"面板上，单击"直线"按钮，在绘图区域中，通过拖曳光标来绘制参照平面，绘制完成后按两下 Esc 键退出绘制模式，如图 2-64 所示。

（2）拾取现有线。在"绘制"面板中，单击拾取线，如果需要，在选项栏上指定偏移量，将光标移到放置参照平面时所需要参照的线附近，然后单击，绘制完成后按两下 Esc 键退出绘制模式，如图 2-65 所示。

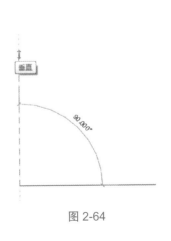

图 2-64

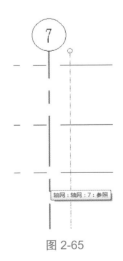

图 2-65

2.5　建筑柱、结构柱

柱分为建筑柱和结构柱，其中建筑柱主要用于砖混结构中的墙垛、墙上的凸出结构，不用于承重。

（1）选择"建筑"→"构建"→"柱"→"建筑柱 / 结构柱"，或者直接选择"结构"→"结构"→"柱"。

（2）在"属性"选项板中的"类型选择器"中选择适合尺寸、规格的柱类型，如果没有相应的柱类型，则可通过"编辑类型"→"复制"功能创建新的柱，并在"类型属性"框中修改柱的尺寸规格。如果没有柱族，则需通过"载入族"功能载入柱族。

（3）放置柱前，需在选项栏中设置柱子的高度，选中"放置后旋转"复选框，则放置柱后，可对放置柱直接旋转。

（4）特别对于"结构柱"，弹出的"修改 | 放置 结构柱"上下文选项卡会比"建筑柱"多出"放置""多个""标记"的面板，如图 2-66 所示。

图 2-66

（5）绘制多个结构柱：在"结构柱"中，能在轴网的交点处及在建筑中创建结构柱。进入"结构柱"绘制界面后，选择"放置"面板中的"垂直柱"选项，选择"多个"面板中的"在轴网处"选项，在"属性"选项板中的"类型选择器"中选择需放置的柱类型，从右下向左上框选或交叉框选轴网，则框选中的轴网交点会自动放置结构柱，单击"完成"按钮，则可在轴网中放置多个同类型的结构柱，如图 2-67 所示。

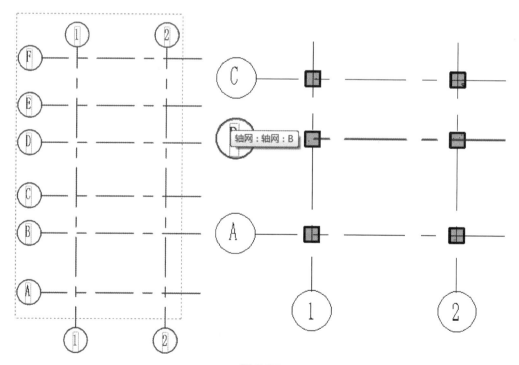

图 2-67

（6）除此以外，还可以在建筑柱中放置结构柱，选择"多个"面板中的"在柱处"选项，在"属性"选项板中的"类型选择器"中选择需放置的柱类型，按住 Ctrl 键可选中多根建筑柱，单击"完成"按钮，则完成在多根建筑柱中放置结构柱。

2.6　墙　　体

墙体是建筑设计中的重要组成部分，在实际工程中墙体根据材质、功能也分为多种类型，比如隔墙、防火墙、叠层墙、复合墙、幕墙等，所以在绘制时，需要考虑综合墙体的高度、厚度和构造做法，图纸粗略、精细程度的显示，内外墙体的区别等。随着高层建筑的不断涌现，幕墙及异形墙体的应用越来越多，而通过 Revit 能有效建立直观的三维信息模型。

2.6.1　墙体概述

在 Revit 中创建墙体模型可以通过功能区中的"墙"命令来创建。Revit 提供了建筑墙、结构墙和面墙三种不同的墙体创建方式。

（1）建筑墙：主要用于绘制建筑中的隔墙。

（2）结构墙：绘制方法与建筑墙完全相同，但使用结构墙工具创建的墙体，可以在结构专业中为墙图元指定结构受力计算模型，并为墙配置钢筋，因此该工具可以用于创建剪力墙等墙图元。

（3）面墙：根据体量或者常规模型表面生成墙体图元。

2.6.2　墙体的创建

1.墙体属性

（1）单击功能区"建筑"选项卡"构建"面板中的"墙"命令下拉列表，显示创建墙体的基本命令，如图 2-68 所示。在平面视图中，"墙：饰条"和"墙：分隔缝"命令不可以使用。

（2）单击"墙：建筑"按钮，在"修改 | 放置 墙"上下文选项卡中，"绘制"面板可以选择绘制墙体的工具，如图 2-69 所示。例如，用"拾取线"的方式来创建墙体。Revit 一般默认用"直线"绘制。

墙体的属性
和绘制

图 2-68

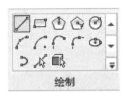

绘制

图 2-69

（3）选项栏显示"修改 | 放置 墙"的相关设置，在选项栏可以设置墙体竖向定位面、水平定位线，选中"链"复选框，设置偏移量及半径等，其中偏移量和半径不可同时设置数值，如图 2-70 所示。

图 2-70

（4）"属性"选项板可以设置墙体的定位线、底部限制条件、底部偏移、顶部约束等墙体的实例属性。

（5）在"类型选择器"中墙体的名称为"基本墙常规 –200mm"。单击"编辑类型"按钮，弹出"类型属性"对话框，可以看到基本墙属于系统族。在系统族中，只能通过修改已有类型得到新的类型。在"类型"下拉列表中 Revit 已经内置了多种墙体的类型。

（6）单击"结构"参数后的"编辑"按钮，打开"编辑部件"对话框，系统默认的墙体已有的功能只有"结构 [1]"部分，在此基础上可插入其他的功能结构层，以完善墙体的构造，如图 2-71 所示。

（7）定位线：分为墙中心线、核心层、面层面与核心面四种定位方式。在 Revit 术语中，墙的核心层是指其主结构层。在简单的砖墙中，"墙中心线"和"核心层中心线"平面将会重合，然而它们在复合墙中可能会不同。顺时针绘制墙时，其外部面（面层面：外部）默认情况下位于顶部。

图 2-72 所示为一基本墙，右侧为基本墙的结构构造。通过选择不同的定位线，从左向右绘制出的墙体与参照平面的相交方式是不同的，如图 2-73 所示。选中绘制好的墙体，单击"翻转控件"按钮↕，可调整墙体的方向。

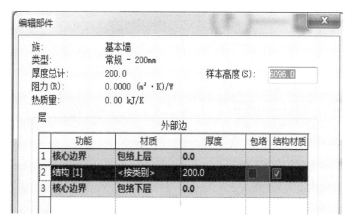

图 2-71

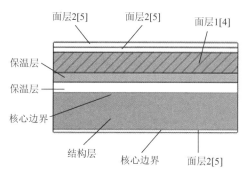

图 2-72

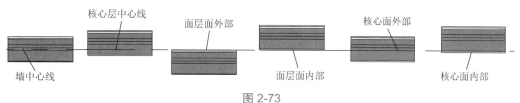

图 2-73

47

2. 类型参数设置

在绘制完一段墙体后，选择该面墙，单击"属性"选项板中的"编辑类型"按钮，弹出"类型属性"对话框。

（1）复制：可复制"系统族：基本墙"下不同类型的墙体，如复制"新建：普通砖 –200mm"，复制出的墙体为新的墙体。

（2）重命名：可修改"类型"中的墙名称。

（3）结构：用于设置墙体的结构构造，单击"编辑"按钮，弹出"编辑部件"对话框。内 / 外部边表示墙的内 / 外侧，可根据需要添加墙体的内部结构构造。

（4）默认包络："包络"指的是墙非核心构造层在断点处的处理方法，仅是对编辑部件中选中了"包络"的构造层进行包络，且只在墙开放的断点处进行包络。选中"外部 – 带粉砖与砌块复合墙"，再单击"预览"按钮，在"楼层平面：修改类型属性"视图中即可查看包络差异情况。图 2-74 所示为整个外部边的包络。

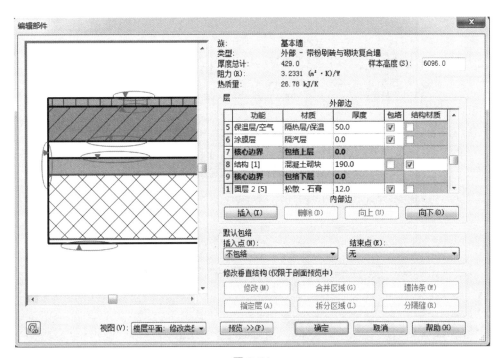

图 2-74

（5）修改垂直结构：打开下方的"预览"后，选择"剖面：修改类型属性"后视图才会亮显。该设置主要用于复合墙、墙饰条、分隔缝的创建。

复合墙

（6）复合墙：在"编辑部件"对话框中，插入一个"面层 1"，"厚度"改为 20mm。创建复合墙，利用"拆分区域"命令拆分面层，放置在面层上会有一条高亮显示的预览拆分线，放置好高度后单击，在"编辑部件"对话框中再次插入新建"面层 2"，修改面层材质，单击该"面层 2"前的数字序号，选中新建的面层，然后单击"指定层"按钮，在视图中单击拆分后的某一段面层，如图 2-75 所示。

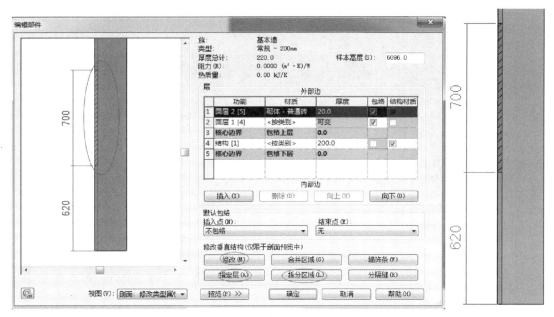

图 2-75

　　通过单击墙体面层的"指定层"与"修改"按钮，即可实现一面墙在不同高度有几个材质的要求，如图 2-76 所示。

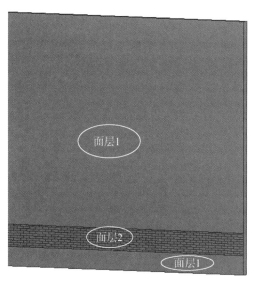

图 2-76

　　（7）墙饰条：主要是用于绘制的墙体在某一高度处自带墙饰条。单击"墙饰条"按钮，在弹出的"墙饰条"对话框中，单击"添加"按钮可选择不同的轮廓族。如果没有所需的轮廓，可通过"载入轮廓"载入轮廓族。设置墙饰条的各参数，则可实现绘制出的墙体直接带有墙饰条，如图 2-77 所示。

墙饰条

 小提示

　　分隔缝类似于墙饰条，只需添加分隔缝的族并编辑参数即可，在此不加以阐述。

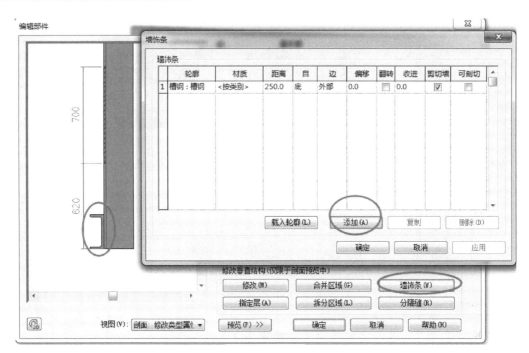

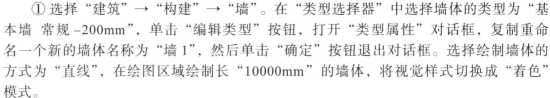

图 2-77

3. 编辑墙的轮廓、附着分离

（1）编辑墙的轮廓。

编辑墙的轮廓有两种方式：一种方式是将墙的顶部或者底部附着到其他图元上；另一种方式是直接编辑墙的轮廓，这种方式可以应用到基本墙、叠层墙及幕墙。

在大多数情况下，当放置直墙时，墙的轮廓为矩形（在平行于其长度的立面中查看时）。如果想设计成其他的轮廓形状，或要求墙中有洞口，就需要在剖面视图或立面视图中编辑墙的立面轮廓。

墙的轮廓
编辑

其操作步骤如下。

① 选择"建筑"→"构建"→"墙"。在"类型选择器"中选择墙体的类型为"基本墙 常规 –200mm"，单击"编辑类型"按钮，打开"类型属性"对话框，复制重命名一个新的墙体名称为"墙 1"，然后单击"确定"按钮退出对话框。选择绘制墙体的方式为"直线"，在绘图区域绘制长"10000mm"的墙体，将视觉样式切换成"着色"模式。

② 切换到南立面视图，单击选中墙体，在"修改 | 墙"选项卡中，单击"编辑轮廓"按钮，墙体变成紫色矩形，如图 2-78 所示。

单击"绘制"面板上的"起点 – 终点 – 半径弧"按钮，在紫色矩形轮廓中绘制 5 个直径为 2000mm 的半弧。单击"修改"面板中的"修剪"按钮，修剪半弧与矩形轮廓的边界，再选择"矩形"绘制工具绘制三个矩形轮廓，单击"完成编辑模式"按钮完成。

（2）墙体附着、分离。

要把墙附着到另外一个图元，先要选择这段墙体，然后会有"附着 顶部 / 底部"按钮出现在上下文选项卡中。当"附着 顶部 / 底部"命令被激活后，在选项栏上，选择"顶部"或者"底部"选项，然后拾取一个物体，墙体便可以被附着到屋顶、天花板、楼板、参照平面及其他的墙体上。其操作步骤如下。

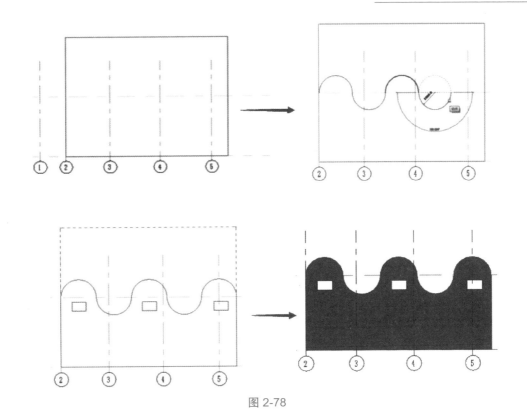

图 2-78

① 选择"建筑"→"构建"→"墙"。在"类型选择器"中选择墙体的类型为"基本墙 常规 –200mm",单击"编辑类型"按钮,打开"类型属性"对话框,复制重命名一个新的墙体名称为"墙 1",然后单击"确定"按钮退出对话框。

墙体的附着

② 在"修改 | 放置 墙"上下文选项卡中,在"绘制"面板上单击"起点 – 终点 – 半径弧"按钮,确定绘制方式。在"标高 1"平面视图绘制基本墙体,然后切换到三维视图观察,将视觉样式切换成"着色"模式,如图 2-79 所示。

③ 在项目浏览器中双击"南(立面)"选项,切换到南立面视图,在墙体的顶部和底部各绘制一个参照平面,如图 2-80 所示。

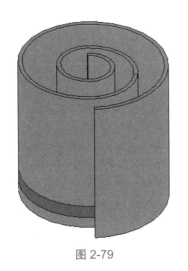

图 2-79

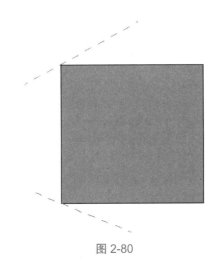

图 2-80

④ 选中整个墙体，可按 Tab 键切换选择。在"修改 | 放置 墙"上下文选项卡中，会有"附着 顶部 / 底部"和"分离 顶部 / 底部"命令出现，如图 2-81 所示。单击"附着 顶部 / 底部"按钮，在选项栏上选择"顶部"选项，再单击顶部的参照平面。同理，底部附着也是这样操作。完成后如图 2-82 所示。

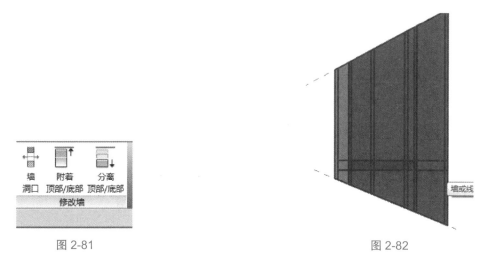

图 2-81   图 2-82

2.7 楼板、天花板、屋顶

2.7.1 楼板的创建

楼板的创建不仅可以是楼板面的创建，还可以是坡道、楼梯、休息平台等的创建。对于有坡度的楼板，可以通过"修改子图元"命令修改楼板的空间形状，设置楼板的构造层找坡，实现楼板的内排水和有组织排水的分水线建模绘制。

楼板是系统族，在 Revit 中提供了四个楼板的相关命令，即"楼板：建筑""楼板：结构""面楼板"和"楼板边缘"。其中"楼板边缘"属于 Revit 中的主体放样构件，其通过使用类型属性中的指定轮廓，再沿楼板边缘放样生成带状图元。

选择"建筑"→"构建"→"楼板：建筑"，弹出"修改 | 创建楼层边界"上下文选项卡，如图 2-83 所示，可在其中选择楼板的绘制方法（本书以"直线"与"拾取墙"两种方式来讲）。

图 2-83

使用"直线"命令绘制楼板边界可以绘制任意形状的楼板，使用"拾取墙"命令可根据已绘制好的墙体快速生成楼板。

1. 属性设置

在使用不同的绘制方法绘制楼板时，在选项栏中可以选择不同的绘制选项。如图 2-84 所示，其中偏移功能是提高效率的有效方式，通过设置偏移值，可直接生成距离参照线一定偏移量的板边线。

图 2-84

2. 绘制楼板

偏移量设置为 300mm，用"直线"命令绘制矩形楼板，标高为 2F，内部设置为 200mm 厚的常规墙，高度为 1F ～ 2F，绘制时捕捉墙的中心线，顺时针绘制楼板边界线，如图 2-85 所示。

边界绘制完成后，单击 ✔ 按钮完成绘制，此时会弹出 Revit 对话框，如图 2-86 所示。问"是否希望将高达此楼层标高的墙附着到此楼层的底部"，如果单击"是"按钮，则将高达此楼层标高的墙附着到此楼层的底部；单击"否"按钮，则不将高达此楼层标高的墙附着到此楼层的底部，而与楼板同高度，两种情况如图 2-87 所示。

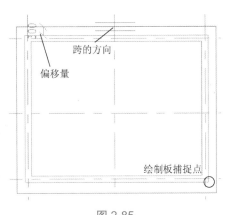

图 2-85

通过"边界线"绘制完楼板后，在"绘制"面板中还有"坡度箭头"的绘制，其主要用于斜楼板的绘制，可在楼板上绘制一条坡度箭头，如图 2-88 所示，并在"属性"选项板中设置该坡度线的"最高处标高"和"最低处标高"。

图 2-86

图 2-87

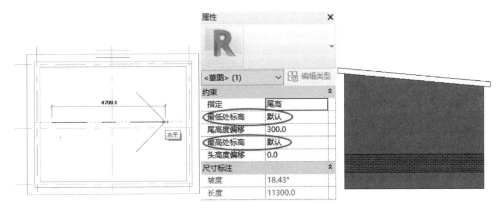

图 2-88

3.楼板边

在"建筑"选项卡上选择"楼板"下拉列表中的"楼板：楼板边"命令，单击"属性"选项板中"编辑类型"按钮，弹出"类型属性"对话框，选择自己需要的轮廓类型。本案例采用"默认"类型，如图 2-89 所示，单击"确定"按钮退出。

楼板边

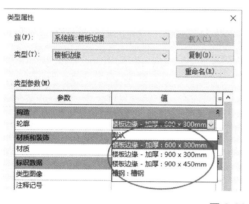

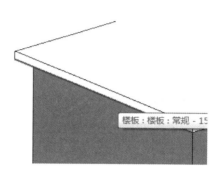

图 2-89

楼板坡度
箭头

移动光标至楼板边缘，楼板边缘线会高亮显示，单击楼板边缘线，楼板边即可自动生成，如图 2-90 所示。楼板边只能以水平的楼板边线生成，带坡度的楼板边线无法生成楼板边。

图 2-90

编辑子图元

4.编辑子图元

使用上一节的楼板，切换到"标高 2"平面视图。单击选中楼板，在"修改 | 楼板"上下文选项卡中单击"修改子图元"按钮，再单击"添加点"按钮，如图 2-91 所示。此时楼板轮廓线变成亮显的绿色虚线，移动光标至边线单击添加两个点，如图 2-92 所示。

图 2-91

图 2-92

单击绿色的添加点再输入"–300"，同理将另外一个添加点数值设置为"–300"，按两下 Esc 键退出。切换至三维视图，如图 2-93 所示。

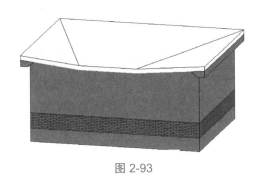

图 2-93

2.7.2　天花板的创建

天花板是基于草图绘制的图元，是一个系统族，可以作为其他构件附属的主体图元，如可以作为照明设备的主体图元。天花板是按照基本天花板或复合天花板进行分类的。

1. 自动创建天花板

选择"建筑"选项卡，单击"构建"面板上的"天花板"按钮，Revit 会自动切换到"修改|放置 天花板"上下文选项卡，如图 2-94 所示。默认情况下，"自动创建天花板"工具处于活动状态，可以在以墙为界限的区域内创建天花板，单击既可完成创建。

图 2-94

2. 绘制天花板

除自动创建天花板外，也可以自行创建天花板，单击"绘制天花板"按钮，进入"修改|放置 天花板"上下文选项卡，单击"绘制"面板中的"边界线"按钮，选择边界线类型后就可以在绘图区域内绘制天花板轮廓了，如图 2-95 所示。单击"模式"面板上的"完成编辑模式"按钮即可完成天花板的创建。

3. 天花板开洞

选择天花板，单击"编辑边界"按钮，在"绘制"面板上单击"边界线"按钮，在天花板轮廓上绘制一个闭合的轮廓，单击"完成编辑模式"按钮完成绘制，即可在天花板上创建一个洞口，如图 2-96 所示。

图 2-95

图 2-96

2.7.3 屋顶的创建

屋顶是房屋最上层起覆盖作用的围护结构，根据屋顶排水坡度的不同，常见的有平屋顶、坡屋顶两大类，其中坡屋顶具有很好的排水效果。在 Revit 中提供了多种建模工具，如迹线屋顶、拉伸屋顶等创建屋顶的常规工具。此外，对于一些特殊造型的屋顶，还可以通过内建模型的工具来创建。

1. 迹线屋顶

"迹线屋顶"工具在"建筑"选项卡的"构建"面板上"屋顶"工具的下拉列表中，如图 2-97 所示。"迹线屋顶"是指创建屋顶时使用建筑迹线定义屋顶的边界，并为其指定不同的坡度和悬挑，或者可以使用默认值对其进行优化。

图 2-97

迹线屋顶

（1）创建迹线屋顶。

① 切换到"标高 2"平面视图，选择"迹线屋顶"选项后，进入"绘制屋顶轮廓草图"模式，绘图区域会自动跳转至"创建屋顶迹线"上下文选项卡。在"绘制"面板上选择"拾取墙"选项，选项栏中的"悬挑"设置为"400"，选中"定义坡度"复选框，如图 2-98 所示。

悬挑: 400 　　☑定义坡度 　□延伸到墙中(至核心层)

图 2-98

② 单击墙边线，生成的迹线会自动沿墙边线悬挑 400mm。绘制的迹线屋顶轮廓必须是一个闭合的轮廓。还可以通过中控件按钮翻转迹线轮廓的方向，如图 2-99 所示。

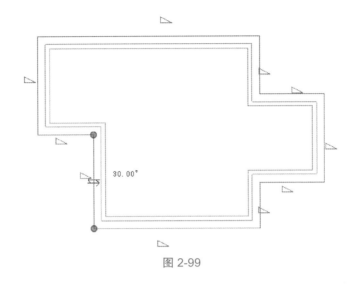

图 2-99

③ 符号表示带坡度的迹线，单击选中一条迹线，在选项栏中取消选中"定义坡度"复选框，则此迹线将不定义坡度，如图 2-100 所示。完成后单击"完成编辑模式"按钮，完成创建。切换至三维视图，如图 2-101 所示。

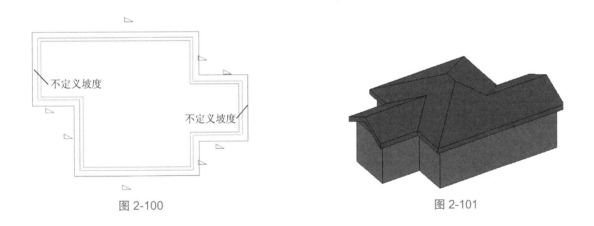

图 2-100　　　　　　　　　　　　　　　　图 2-101

（2）坡度箭头的绘制方式。

屋顶除可以通过边界线定义坡度来绘制外，还可以通过坡度箭头来绘制。其边界线绘制方式和上述边界线绘制方式一样，但用坡度箭头绘制前需取消选中"定义坡度"复选框，通过坡度箭头的方式来指定屋顶的坡度，每条边界线的中点位置要用"修改"面板上的"拆分图元"命令打断，如图 2-102 所示。

如图 2-103 所示绘制的坡度箭头，需在坡度"属性"选项板中设置坡度的"最高处标高""最低处标高"及"头高度偏移""尾高度偏移"，如图 2-104 所示。设置完成后单击"完成编辑模式"按钮，完成后的平屋顶面与三维视图如图 2-105 所示。

屋顶坡度箭头

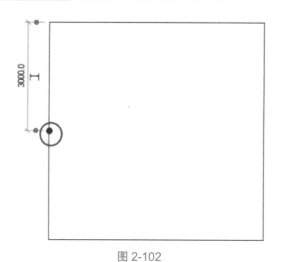

图 2-102

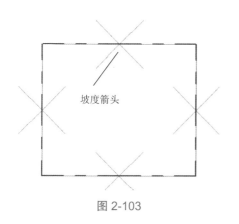

图 2-103

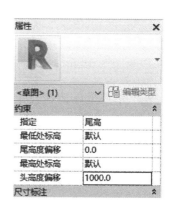

图 2-104

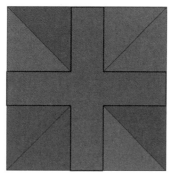

图 2-105

（3）实例属性。

对于用"边界线"方式绘制的屋顶，在"属性"选项板中与其他构件不同的是，多了截断标高、截断偏移、椽截面及坡度四个概念，如图 2-106 所示。

① 截断标高：屋顶标高达到该标高截面时，屋顶会被该截面剪切出洞口，如在标高 2 处截断。

② 截断偏移：截断面在该标高处向上或向下的偏移值，如 100mm。

③ 椽截面：屋顶边界的处理方式，包括垂直截面和垂直双截面。

④ 坡度：各根带坡度边界线的坡度值，如 30°。

图 2-107 所示为绘制屋顶边界线，单击坡度箭头  可调整坡度值。图 2-108 所示为生成的屋顶。从整个屋顶生成的过程可以看出，屋顶是根据所绘制的边界线按照坡度值形成一定角度向上延伸而成的。

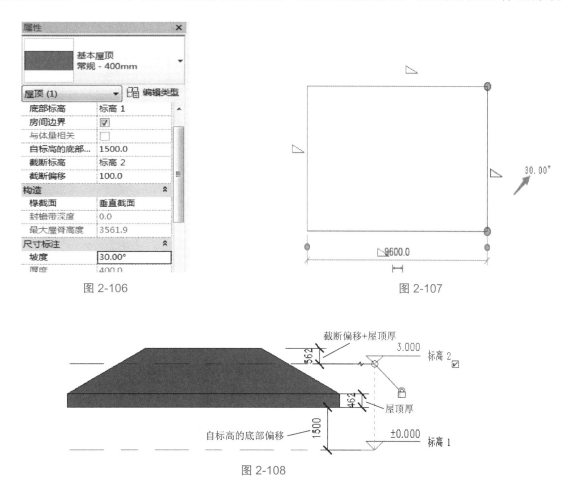

图 2-106

图 2-107

图 2-108

2.拉伸屋顶

拉伸屋顶适合于创建具有单一方向的折线或者曲线形式的异形屋顶，和迹线屋顶一样，拉伸屋顶也是基于草图绘制的，但是用于定义屋顶形式的草图线是在立面或者剖面视图中而不是在平面视图中绘制的，并且会在之后的拉伸中沿着建筑平面的长度来决定屋顶的拉伸长度。

（1）选择建筑样板，新建一个项目，进入"标高 1"平面视图，单击"墙：建筑"按钮或使用快捷键 WA，选择绘制方式为"矩形"，在绘图区域绘制墙体。选择全部墙在实例属性中把顶部约束改成"标高 2"。单击"拉伸屋顶"按钮，弹出"工作平面"对话框，如图 2-109 所示。需要设置一个绘制拉伸屋顶的工作平面，这里选择"拾取一个平面"的方式，单击墙体表面，弹出"转到视图"对话框，选择"立面：南"，单击"打开视图"按钮，如图 2-110 所示。

（2）单击"绘制"面板上的"起点 – 终点 – 半径弧"按钮，在绘图区域中绘制拉伸屋顶草图，如图 2-111 所示。

（3）绘制完成后，单击"完成编辑模式"按钮。屋顶会自动捕捉到当前墙体平面的投影范围，调整自身的长度。选择所有的墙，顶部附着到拉伸屋顶上，切换至三维视图，如图 2-112 所示。

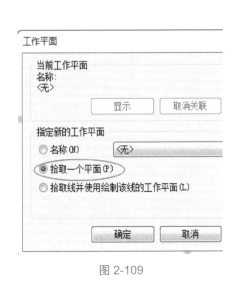

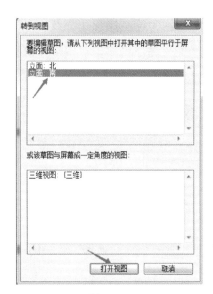

图 2-109

图 2-110

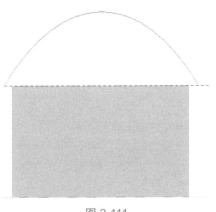

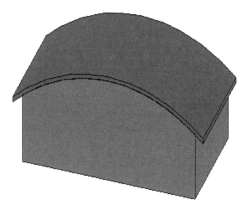

图 2-111

图 2-112

选择屋顶，在属性栏中可以看到，屋顶的拉伸起点是"0"，拉伸终点是"–6100mm"，因为拉伸屋顶拾取墙的外表面是向墙体的内部进行拉伸的，所以拉伸终点为一个负值。如果需要屋顶向墙外挑出一段距离，则可以修改拉伸起点及拉伸终点。

2.8 常规幕墙

幕墙是建筑的外墙围护，不承重，没有体积、没有形状，是现代大型和高层建筑常用的带有装饰效果的轻质墙体。幕墙由面板和支承结构体系组成，可相对主体结构有一定的位移能力或自身有一定的变形能力。常规幕墙的绘制方法和常规墙体相同，可以像编辑常规墙体一样对幕墙进行编辑。

2.8.1 幕墙绘制

幕墙由幕墙网格、竖梃和幕墙嵌板组成。外部玻璃、店面都是由幕墙复制以后修改类型得到的，其网格划分与幕墙不同，在"类型属性"中可以设置不同布局。

幕墙绘制步骤如下。

（1）新建项目文件。选择"建筑"→"构建"→"墙"。在"类型选择器"中选择幕墙，在"修改|放置 墙"上下文选项卡的"绘制"面板上，确认绘制方式为"直线"，在绘图区域从左向右绘制幕墙。使用"起点 – 终点 – 半径弧"的绘制方式，在右侧绘制一段弧形幕墙。在没有选择墙体时两段墙体都是直的，当光标拾取到墙体以后，墙体两端各有一段虚线。右侧墙体因为绘制的是弧形墙体，所以当光标拾取墙体以后虚线会按照弧形的方式显示，同时光标附近会提示"墙：幕墙：幕墙"，如图 2-113 所示。

幕墙绘制

图 2-113

（2）切换到三维视图，选中弧形幕墙，在"属性过滤器"中显示"通用（4）"，展开"属性过滤器"列表显示选中的图元分别是墙和幕墙嵌板，如图 2-114 所示。

（3）将光标拾取左侧幕墙，配合 Tab 键选择幕墙嵌板，按快捷键 HH 隐藏幕墙嵌板，当光标不移动到幕墙所在位置时，幕墙所在的位置是空白的，当光标移动到幕墙所在位置时会出现类似有五个面的墙体：分别是上下左右四条线及中间淡蓝色的面。同理，当光标靠近弧形幕墙以后，弧形幕墙显示的是投影线的外轮廓，因为墙体本身只有一块嵌板，同时没有分段，所以墙体是直的，如图 2-115 所示。

小提示

如果在弧形幕墙上添加幕墙网格，幕墙网格会自动拾取弧形幕墙 1/2 或者 1/3 的位置。若在弧形幕墙添加多段幕墙网格，幕墙网格会用段数模拟圆弧。

（4）选择"建筑"→"构建"→"墙"，在项目浏览器中选择墙体的类型为"幕墙"，在标高 1 平面视图的绘图区域绘制长度为 10000mm 的幕墙，使用"复制"工具复制出两个幕墙，在"类型选择器"中将幕墙的类型分别切换为"外部玻璃"和"店面"，切换到三维视图，从外观上可以看到图中从左到右分别为"幕墙""外部玻璃""店面"，如图 2-116 所示。

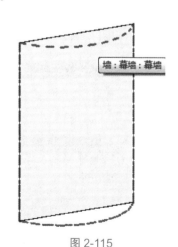

图 2-114　　　　　　　　　　　　图 2-115

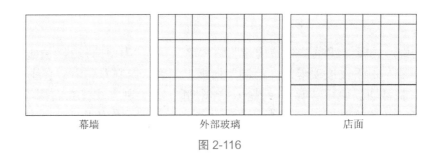

| 幕墙 | 外部玻璃 | 店面 |

图 2-116

（5）选中幕墙，单击"编辑类型"按钮，打开"类型属性"对话框，在类型参数列表中可以看到幕墙的属性，包括垂直网格、水平网格、垂直竖梃、水平竖梃。其中垂直竖梃、水平竖梃依赖于网格存在，幕墙属性多数显示的都是"无"，"幕墙"复选框被选中，如图 2-117 所示，单击"确定"按钮。

图 2-117

（6）使用"复制"工具复制一个新的幕墙。单击"编辑类型"按钮，打开"类型属性"对话框，单击"复制"按钮，命名为"幕墙 2"，单击"确定"按钮，如图 2-118 所示。

图 2-118

（7）在类型参数列表中，垂直网格的布局一共有五个选项，分别是无、固定距离、固定数量、最大间距、最小间距，如图 2-119 所示。

图 2-119

（8）将垂直网格的布局设置为"固定距离"，间距设置为 1500mm，单击"确定"按钮，在属性选项板中将垂直网格对正的方式改为"起点"，如图 2-120 所示。

垂直网格	
编号	6
对正	起点
角度	0.000°
偏移量	0.0
水平网格	
编号	4
对正	起点
角度	0.000°
偏移量	0.0

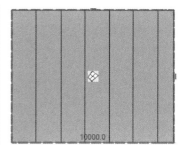

图 2-120

幕墙绘制是从左向右进行的，左侧为起点，右侧为终点，“幕墙 2”是按照固定距离从左向右排列的，所有不满足间距 1500mm 的网格会排列在终点的位置。如果将垂直网格对正的方式设为“中心”，则网格会在中心的部分按间距 1500mm 排列，不足 1500mm 的部分则均分到两侧。同理，将垂直网格对正的方式设为“终点”，则间距 1500mm 的网格会从尾端向起点的方向进行排列，起点的位置则变为 1000mm。

小提示

幕墙的固定长度属于类型属性，但是在幕墙里划分网格是实例属性。

（9）选中“幕墙 2”，在“属性”选项板中将垂直网格的角度设置为 20°，网格会向逆时针方向旋转 20°，如图 2-121 所示。

垂直网格	
编号	8
对正	起点
角度	20.000°
偏移量	0.0
水平网格	
编号	4
对正	起点
角度	0.000°
偏移量	0.0

图 2-121

（10）将偏移量设为 700mm，角度设为 0°，网格会从起始的位置向右偏移 700mm 以后开始按 1500mm 的间距向右排列，同时最右侧的网格距离变为 300mm，如图 2-122 所示。选中网格，单击按钮，将网格的临时尺寸改为 1200mm，如果再次将网格锁定，则网格并不会在 1200mm 的位置锁定，而会退回到由类型属性决定的 1500mm 的位置。

垂直网格	
编号	7
对正	起点
角度	0.000°
偏移量	700.0
水平网格	
编号	4
对正	起点
角度	0.000°
偏移量	0.0

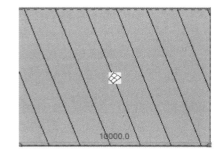

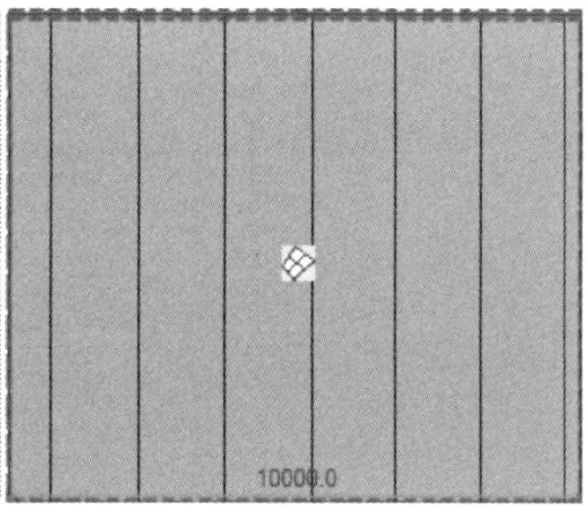

图 2-122

（11）选中"幕墙 2"，使用"复制"工具继续复制一个幕墙。单击"编辑类型"按钮，打开"类型属性"对话框，复制一个新的类型，命名为"幕墙 3"。将垂直网格的布局方式改为"固定数量"，单击"固定"按钮。在"属性"选项板中将垂直网格的编号改为"7"，偏移量设为 0，如图 2-123 所示。

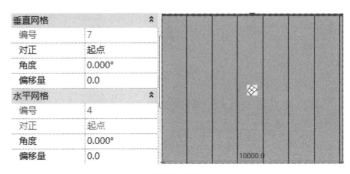

图 2-123

 小提示

垂直网格在进行分割时，指的并不是嵌板数量，而是网格数量。编号是相对于垂直网格的，指的是内部网格的编号，所以在垂直网格中内部网格是随着编号的变化而变化的，幕墙网格最左侧和最右侧的网格不参加计数。

当在"类型属性"对话框中将垂直网格布局的方式设置为"最大间距"时，无论幕墙的长度是多少，幕墙网格始终保持所有长度均分，均分的距离执行的标准是尽量接近 1500mm。当垂直网格布局的方式为"最小间距"时，幕墙网格会按照总长度进行均分，均分以后的距离接近 1500mm，但是不小于 1500mm。

（12）选中"幕墙 3"，使用"复制"工具复制一个新的幕墙。单击"编辑类型"按钮，打开"类型属性"对话框，复制一个新的类型，命名为"幕墙 4"，将水平网格布局的方式设置为"固定间距"，单击"确定"按钮。幕墙网格从下开始按间距 1500mm 向上排布，不足 1500mm 的网格排布在最上侧，如图 2-124 所示。

图 2-124

 小提示

在属性选项板设置水平网格对正的方式为"起点"，墙体从底部开始计算起点。

（13）选中"幕墙 4"，可以拖动控制柄改变幕墙高度，Revit 不允许将最上方的控制柄拖到起点以下。在高度变化过程中，因为幕墙网格的距离是固定的，所以只是将不满足间距 1500mm 的网格放到了最上面。同理，将水平网格对正的方式改为"终点"，网格会从上到下进行 1500mm 均分，水平网格也有"中心"的对正方式，即按照整个墙高度的中心开始向两侧均分，当然水平网格同样有角度、偏移量的属性。

（14）选中"外部玻璃"，单击"编辑类型"按钮，打开"类型属性"对话框，外部玻璃的类型属性与幕墙相比，垂直网格及水平网格的间距布局方式默认的是"固定距离"，如图 2-125 所示。所以在确定了幕墙长度以后，网格间距便是固定的，如果修改间距值，幕墙网格的每一块长度系统会自动进行调整。

垂直网格		⌃
布局	固定距离	
间距	1830.0	
调整竖梃尺寸	☐	
水平网格		⌃
布局	固定距离	

图 2-125

（15）选中"店面"，单击"编辑类型"按钮，打开"类型属性"对话框，垂直网格默认的布局是"最大间距"，水平网格默认的布局是"固定距离"，竖梃的类型没有被指定，如图 2-126 所示。

垂直网格		⌃
布局	最大间距	
间距	1524.0	
调整竖梃尺寸	☐	
水平网格		⌃
布局	固定距离	

图 2-126

（16）复制一个新的类型，名称为"店面 2"，将垂直竖梃的内部类型设置为"圆形竖梃：50mm 半径"，边界 1 类型设置为"矩形竖梃：50×150mm"，边界 2 类型设置为"无"，如图 2-127 所示，单击"确定"按钮。

（17）选中"店面 2"，使用"复制"工具复制一个新的店面，单击"编辑类型"按钮，打开"类型属性"对话框，单击"复制"按钮，将新的店面命名为"店面 3"。将水平网格的布局设置为"固定距离"，水平竖梃的内部类型指定为"圆形竖梃：25mm 半径"，边界 1 类型指定为"矩形竖梃：50×150mm"，边界 2 类型为"无"，如图 2-128 所示。

类型参数	
参数	值
垂直竖梃	⌃
内部类型	圆形竖梃：50mm 半径
边界 1 类型	矩形竖梃：50 × 150mm
边界 2 类型	无

图 2-127

图 2-128

（18）同理，复制"店面 3"，将连接条件设置为"边界和垂直网格连续"，于是边界和垂直网格连续，水平网格被打断，如图 2-129 所示。

小提示

打断也可以根据具体的需要手动修改。

（19）选中"店面 3"，单击"编辑类型"按钮，打开"类型属性"对话框，将垂直竖梃的边界 2 类型设置为"矩形竖梃：50×150mm"，水平竖梃的边界 2 类型设置为"矩形竖梃：50×150mm"，单击"确定"按钮，店面 3 设置效果如图 2-130 所示。

图 2-129

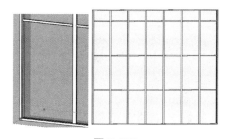

图 2-130

2.8.2 幕墙网格划分

幕墙网格在添加以后，可以对幕墙网格进行编辑。手动添加的幕墙网格可以直接按 Delete 键删除，选中幕墙网格，改变临时尺寸标注可以改变幕墙网格的位置，如果幕墙网格本身是锁定的，即使修改临时尺寸标注，幕墙网格的位置也不会改变，只有解锁以后改变临时尺寸的数字，幕墙网格的位置才会发生变化。选中幕墙网格，在"修改 | 幕墙网格"上下文选项卡中单击"添加 / 删除线段"按钮，再次单击选中幕墙网格，幕墙网格会被删除。选中幕墙网格，单击"添加 / 删除线段"按钮，继续单击选中幕墙网格的虚线部分，可以添加幕墙网格。

幕墙网格划分步骤如下。

（1）新建项目文件。选择"建筑"→"构建"→"墙"，在"类型选择器"中选择"基本墙 常规 –90mm 砖"，单击"编辑类型"按钮，打开"类型属性"对话框，单击"复制"按钮，重命名为"墙 1"，如图 2-131 所示。

幕墙网格
划分

图 2-131

（2）在"属性"选项板中选择墙体定位线为"墙中心线"，底部限制条件设置为"标高1"，顶部约束设置为"未连接"，无连接高度设置为"7000.0"，如图 2-132 所示，在绘图区域绘制 7000mm 的砖墙。

（3）在"类型选择器"中切换墙体的类型为"幕墙"，单击"编辑类型"按钮，打开"类型属性"对话框，单击"复制"按钮，重命名为"墙2"，单击"确定"按钮。选中"自动嵌入"复选框，如图 2-133 所示，单击"确定"按钮。

 小提示

选中"自动嵌入"复选框，幕墙会在基本墙上自动开一个洞口。

图 2-132

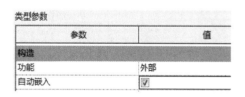

图 2-133

（4）在"属性"选项板中选择墙体定位线为"墙中心线"，底部限制条件设置为"标高1"，顶部约束设置为"未连接"，无连接高度设置为"7000.0"，在绘图区域绘制长为 5000mm 的幕墙，视觉样式切换为"着色"模式。幕墙的绘制效果如图 2-134 所示。

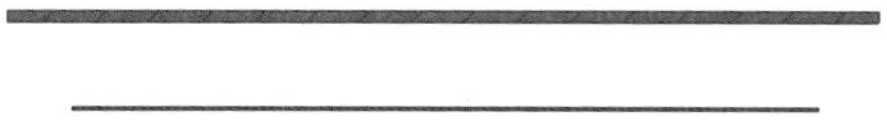

图 2-134

（5）选中幕墙，使用"移动"工具，将"幕墙"的墙体中心线与"基本墙 常规 -90mm 砖"的墙体中心线对齐，如图 2-135 所示。

图 2-135

（6）选中幕墙，在"修改|放置 墙"上下文选项卡上，单击"模式"面板上的"编辑轮廓"按钮，选择"直线"的绘制方式对墙体进行编辑，如图 2-136 所示。单击"模式"面板中的"完成编辑模式"按钮。

（7）选择"建筑"→"构建"→"幕墙网格"，在"修改|放置 幕墙网格"上下文选项卡的"放置"面板上，幕墙网格默认的放置方式是"全部分段"，在幕墙上分别放置水平网格及垂直网格，选中

幕墙，在"属性"选项板上将垂直网格的角度设置为 45°，水平网格的角度设置为 45°。

 小提示

全部分段：幕墙网格会将幕墙全部切穿。

一段：在水平方向放置幕墙网格，没有放置幕墙网格的地方显示的是虚线，并不会去切割幕墙。

除拾取外的全部：使用"除拾取外的全部"命令需要两个步骤：第一步是确定网格的位置，显示的是红色的线；第二步是开始一个新的幕墙网格的命令来确定上一个分段成立，或者按 Esc 键退出命令以使上一个分段成立。

（8）选择"注释"→"对齐尺寸标注"，分别对网格进行注释并单击尺寸标注上的 EQ，如图 2-137 所示。

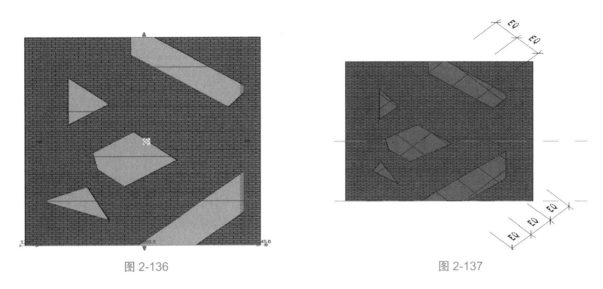

图 2-136　　　　　　　　　　　　　　　　　　　　图 2-137

 小提示

幕墙在基本墙上的开洞功能取决于幕墙的外形轮廓，不取决于最初绘制的路径。

（9）幕墙网格线的添加和删除，如图 2-138 所示。单击选中一条网格线，切换到"修改 | 幕墙网格"上下文选项卡，单击"添加 / 删除线段"按钮，然后再次单击选中的网格线，按两下 Esc 键退出，网格线会自动删除。

（10）幕墙竖梃的结合和打断，如图 2-139 所示。单击选中一条竖梃，切换到"修改 | 幕墙竖梃"上下文选项卡，再单击"结合"或"打断"按钮，竖梃将会自动"结合"或"打断"。

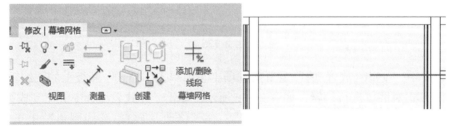

图 2-138

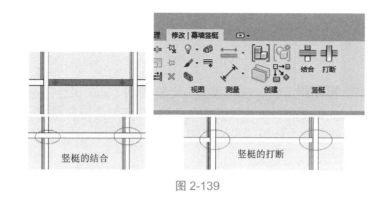

图 2-139

2.9　门窗构件

门窗绘制

在三维模型中，门窗的模型与它们的平面表达并不是对应的剖切关系，在平面图中可与 CAD 图一样表达，这说明门窗模型与平立面表达可以相对独立。Revit 中门和窗都是构建集（族），可以直接放置在项目当中，通过修改其参数可以创建出新的门、窗类型。

2.9.1　插入门窗

门窗是基于主体的构件，可添加到任何类型的墙体上，在平面、立面、剖面及三维视图中均可添加门，且门窗会自动剪切墙体放置。

（1）选择"建筑"→"构建"→"门"/"窗"，在"类型选择器"下拉列表中选择所需的门窗类型，如果需要更多的门窗类型，则可以通过"载入族"命令从族库载入或者和新建墙一样新建不同尺寸的门窗。

（2）放置前，在选项栏中选择"在放置时进行标记"，则软件会自动标记门窗，选择"引线"复选框可设置引线长度，如图 2-140 所示。门窗只有在墙体上才会显示，在墙主体上移动光标，参照临时尺寸标注，当门窗位于正确的位置时单击"确定"按钮。

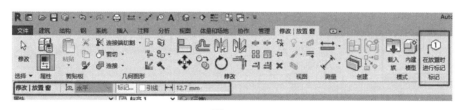

图 2-140

（3）在墙上放置门窗时，拖动临时尺寸线修改临时尺寸的值可以准确地修改门窗的放置位置，如图 2-141 所示。单击⇕控件按钮，可以翻转门窗的开向。

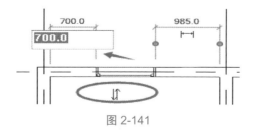

图 2-141

2.9.2 编辑门窗

1. 实例属性

在视图中选择门窗后，视图"属性"选项板会自动转成门／窗"属性"，如图 2-142 所示，在"属性"选项板中可设置门窗的"底高度"及"顶高度"，该底高度即为窗台高度，顶高度为门窗高度＋底高度。该"属性"选项板中的参数为该扇门窗的实例参数。

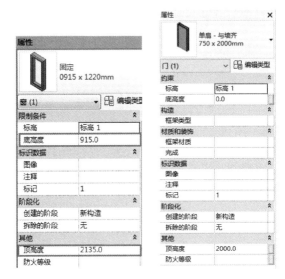

图 2-142

2. 类型属性

在"属性"选项板中，单击"编辑类型"按钮，在弹出的"类型属性"对话框中，可设置门窗的"高度""宽度""材质"等属性，在该对话框中可复制重命名另一个新的不同名称和尺寸的门窗，如图 2-143 所示。

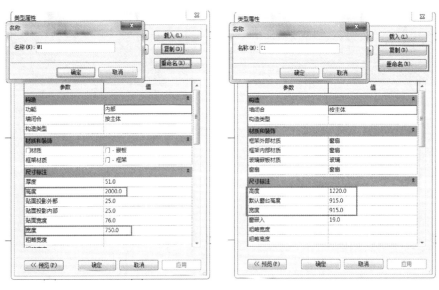

图 2-143

2.10 楼梯、扶手、洞口、坡道

2.10.1 楼梯的创建

创建楼梯有两种路径，分别是"按构件" 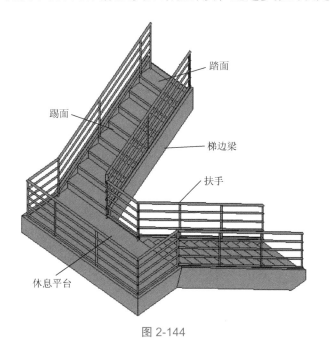和"按草图" 。其中前一种创建路径比后一种创建路径多，若在创建时"按草图"创建楼梯复杂，则可以试着采用"按构件"创建楼梯。楼梯的种类和样式很多，主要由踢面、踏面、扶手、梯边梁及休息平台组成，如图 2-144 所示。

1. 实例属性

在"属性"选项板中，主要确定"楼梯类型""限制条件""尺寸标注"三大内容，如图 2-145 所示。根据设置的"限制条件"可确定楼梯的高度（1F 与 2F 间高度为 4m），"尺寸标注"可确定楼梯的宽度、所需踢面数及实际踏板深度，通过参数的设定软件可自动计算出实际的踏步数和踢面高度。

踏面
踢面
梯边梁
扶手
休息平台

图 2-144

图 2-145

2. 类型属性

单击"属性"选项板中的"编辑类型"按钮，在弹出的"类型属性"对话框中，主要设置楼梯的"踏板""踢面""支撑"等参数，如图 2-146 所示。

3. 按构件创建楼梯

（1）直型双跑楼梯的创建：新建建筑样板文件，切换至"标高 1"平面视图，选择"建筑"→"工作平面"→"参照平面"，在绘图区域中绘制出参照平面，如图 2-147 所示。

（2）完成后，选择"建筑"→"楼梯坡道"→"楼梯"，展开下拉列表，选择"按构件"选项。进入"修改 | 创建楼梯"上下文选项卡，确定"构建"面板绘制方式为"直梯" ，选项栏中的定位线为"梯段：中心"，偏移量为 0，实际梯段宽度为 1000mm，楼梯类型为"190mm 最大踏面 250mm 梯段"，确定选中"自动平台"复选框。

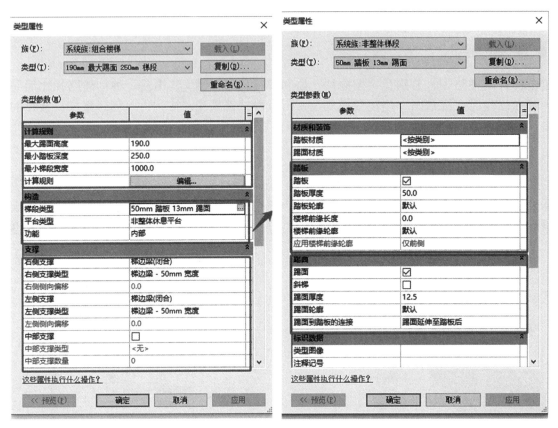

图 2-146

按构件创建
楼梯

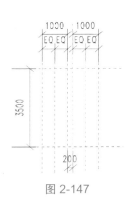

图 2-147

（3）在绘图区域左边第二条竖直参照线与水平参照线相交的位置单击，往垂直方向移动光针，当灰色数字显示为"创建了 11 个踢面，剩余 11 个"的时候单击，再水平移动光标，以蓝色临时水平参照线为准找到右边交点位置，单击交点并往垂直方向移动光标，在与左梯段平齐的地方单击，创建完成，再单击"完成编辑模式"按钮，完成编辑，如图 2-148 所示。

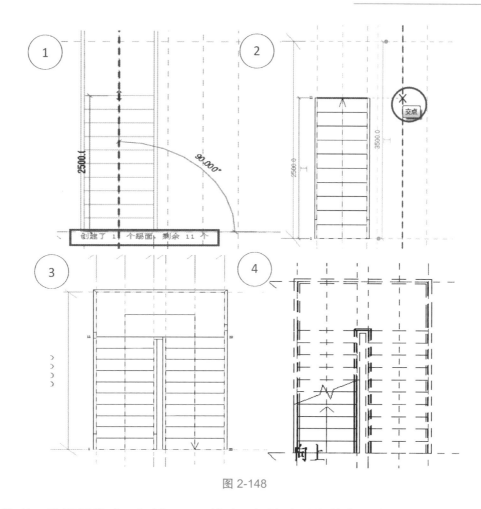

图 2-148

（4）切换到三维视图模式，如图 2-149 所示。如果需要绘制多层楼梯，只需要选择"修改 | 楼梯"→"多层楼梯"→"选择标高"，确保功能区的"连接标高"工具处于选中状态，随即框选或点选所需的标高后确认即可，如图 2-150 所示。

图 2-149

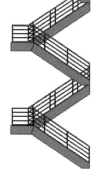

图 2-150

（5）弧形楼梯的创建：切换到"标高 1"平面视图，选择"楼梯坡道"面板"楼梯"下拉菜单中的"按构件"选项。在"构建"面板中选择"圆心 – 端点螺旋"绘制方法。在绘图区域单击确定位置，高亮显示捕捉到半径中点的位置；单击该点作为起点，旋转 360°，且灰色数字显示"剩余 0 个"，如图 2-151 所示；旋转 360° 后单击鼠标左键，生成旋转楼梯；单击"完成编辑模式"按钮，完成编辑。

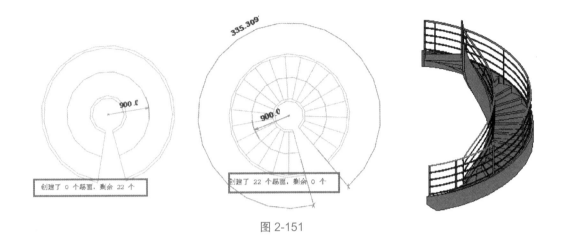

图 2-151

4. 按草图创建楼梯

按草图创建
楼梯

　　除了按构件创建楼梯，还可以按草图创建楼梯。本节以"双跑楼梯"为例介绍按草图创建楼梯的操作步骤。

　　（1）新建一个建筑样板文件，选择"建筑"→"工作面板"→"参照平面"，在绘图区域绘制出参照平面，宽度为 2600mm、深度为 4000mm，如图 2-152 所示。

　　（2）选择"按草图"选项，将绘图区域的起点位置作为楼梯的起点，单击后向右移动光标，当显示"创建了 11 个踢面，剩余 11 个"时，单击。继续向上，当出现绿色虚线与参照面相交并显示"交点"时，再单击，如图 2-153 所示，向左绘制，单击终点位置。此时显示"创建了 22 个踢面，剩余 0 个"。

图 2-152　　　　　　　　　　　　　　　　图 2-153

　　（3）选择右边平台的边界线，单击"删除"按钮，选择"绘制"面板中的"起点－终点－半径弧"选项，在草图中单击起点，再单击终点，输入半径为 1250mm。草图修改完之后，单击"完成编辑模式"按钮，完成编辑，如图 2-154 所示。

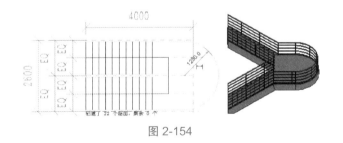

图 2-154

小提示

创建楼梯时，用"按构件"绘制的楼梯可以转换到"按草图"去绘制，而用"按草图"绘制的楼梯不能再转换到"按构件"去绘制。

5.用边界线绘制踢面

（1）选择"按草图"选项，在"绘制"面板中单击"边界"按钮 ⌐⌐边界，再选择"起点 – 终点 – 半径弧"绘制方法，在绘图区域绘制一段 55° 的弧线，再选中这条弧线，在"修改"面板中用"镜像 – 绘制轴"的方法绘制另外一条弧形边界线，如图 2-155 所示。

图 2-155

（2）继续单击"绘制"面板中的"踢面"按钮，确定绘制的方式为"直线"，在绘图区域将边界线的两端连接起来，选择一端的踢面线，单击"修改"面板中的"复制"按钮，选中选项栏中的"约束"和"多个"选项。单击该踢面向右复制，重复输入间距为 500mm。最后修剪边界外的踢面线，如图 2-156 所示。

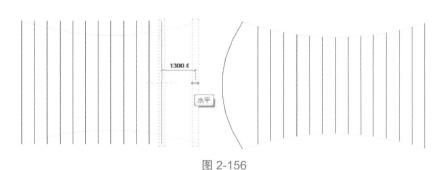

图 2-156

（3）踢面线绘制完之后，单击"确定"按钮，忽略"警告"对话框。切换至三维视图，将视觉样式切换为"着色"模式，如图 2-157 所示。

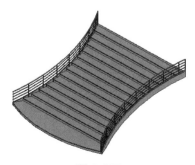

图 2-157

2.10.2 扶手的创建

创建栏杆扶手的方法有很多种：一是通过绘制路径的方法；二是通过放置在主体上的方法；三是内建的方法。若遇到较复杂的栏杆扶手，建议考虑内建的方法。

（1）新建一个建筑样板文件，选择"建筑"→"楼梯坡道"→"栏杆扶手"。选择"绘制路径"选项，选项栏默认，确定栏杆扶手的类型为"900mm 圆管"。在绘图区域绘制出长为 8000mm 的路径。绘制完成后，单击"完成编辑模式"按钮，完成创建，切换至三维视图，如图 2-158 所示。

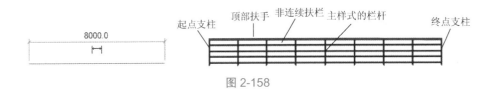

图 2-158

（2）单击"扶手"按钮，打开"类型属性"对话框。复制重命名一个"栏杆扶手 2"，设置顶部扶栏高度为 900mm，类型为"矩形 – 50×50mm"，如图 2-159 所示。

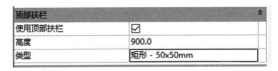

图 2-159

（3）单击"扶栏结构（非连续）"参数后的"编辑"按钮，弹出"编辑扶手（非连续）"对话框，单击"扶栏 4"，再单击"删除"按钮。把所有的扶栏轮廓都设置为"矩形扶手：50×50mm"，如图 2-160 所示。

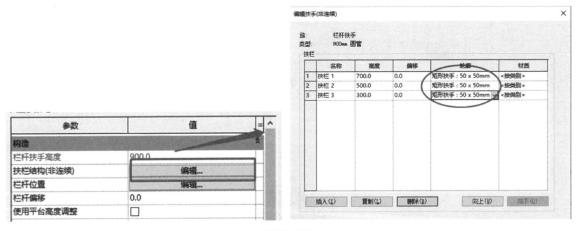

图 2-160

（4）编辑完"扶栏"后，单击"确定"按钮退出对话框，单击"栏杆位置"参数后的"编辑"按钮，弹出"编辑栏杆位置"对话框，选择栏杆的样式为"栏杆 – 图形：25cm"，顶部为"扶手 1"，其他参数默认，如图 2-161 所示。

图 2-161

（5）完成参数设置后单击"确定"按钮退出对话框，切换至三维视图，如图 2-162 所示。

图 2-162

2.10.3　坡道的创建

坡道在建筑中的应用范围比较广泛，如地下车库、商场、超市、飞机场等公共场合。

1. 创建坡道

（1）新建一个建筑样板文件，"标高 1"到"标高 2"的距离为 3200mm，切换到"标高 1"平面视图，选择"建筑"→"楼梯坡道"→"坡道"。进入"修改 | 创建坡道草图"上下文选项卡，选择"绘制"面板上的"梯段""直线"绘制方法。如图 2-163 所示，跟绘制楼梯的方法一样，将绘图区域中点位置作为位置 1。单击位置 1，向右输入长度 6500mm。单击位置 2，向左输入长度 6500mm。单击位置 3，向右直到位置 4 到达标高 2。再单击"编辑类型"按钮，弹出"类型属性"对话框，把"造型"选项改成"实体"，最后单击"确定"按钮退出对话框。

（2）绘制完成后，单击"完成编辑模式"按钮，完成创建，切换至三维视图，如图 2-164 所示。

绘制坡道

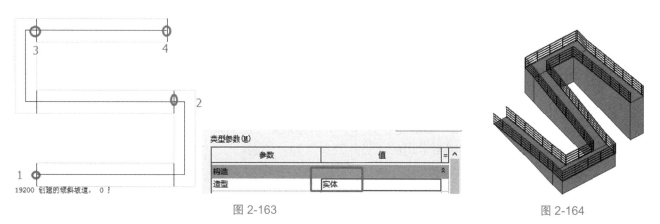

图 2-163　　　　　　　　　　　　　　　　　图 2-164

2.编辑坡道

（1）切换至"标高 1"平面视图，选中上节绘制的坡道，单击"模式"面板中的"编辑草图"按钮，进入"修改 | 坡道 > 编辑草图"选项卡。

（2）如图 2-165 所示，删除转角处的边界线，单击"绘制"面板中的"边界"按钮，选择绘制方式为"起点 – 终点 – 半径弧"，在绘图区域绘制坡道转角处的边界线。

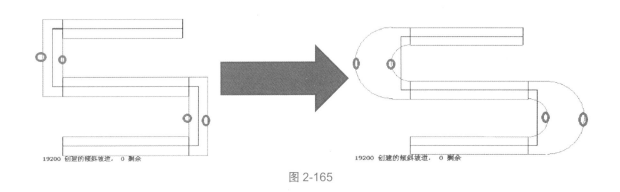

图 2-165

（3）修改完成后，单击"完成编辑模式"按钮，切换至三维视图，如图 2-166 所示。

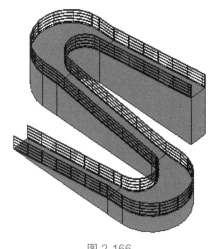

图 2-166

2.10.4 洞口的创建

使用"洞口"工具可以在墙、楼板、天花板、屋顶、结构梁、支撑和结构柱上剪切洞口。"洞口"工具在"建筑"选项卡的"洞口"面板里一共有 5 个，分别是"面洞口""竖井洞口""墙洞口""垂直洞口""老虎窗洞口"。本书以最常用的"竖井洞口"和"墙洞口"为例介绍洞口的创建。

1.竖井洞口

（1）"竖井"命令是最常用到的洞口命令，"竖井"命令在"建筑"选项卡的"洞口"面板上，将光标拾取到"竖井"命令,会出现提示"可以创建一个跨多个标高的垂直洞口,贯穿其间的屋顶、楼板或天花板进行剪切"。通常,会在平面视图的主体图元(如楼板)上绘制竖井。如果在一个标高上移动竖井洞口,则它将在所有的标高行移动,如图 2-167 所示。

(2)绘制步骤:单击"竖井"命令,可以通过绘制线或者拾取墙来绘制洞口轮廓,绘制的主体图元为楼板。绘制完洞口轮廓后,单击"完成编辑模式"按钮,调整洞口剪切的高度,选择洞口,然后在"属性"选项板中设定"底部限制条件"和"顶部约束"。切换至三维视图,打开剖面框,拖动操作柄剖切到能看到洞口的位置,如图 2-168 所示。

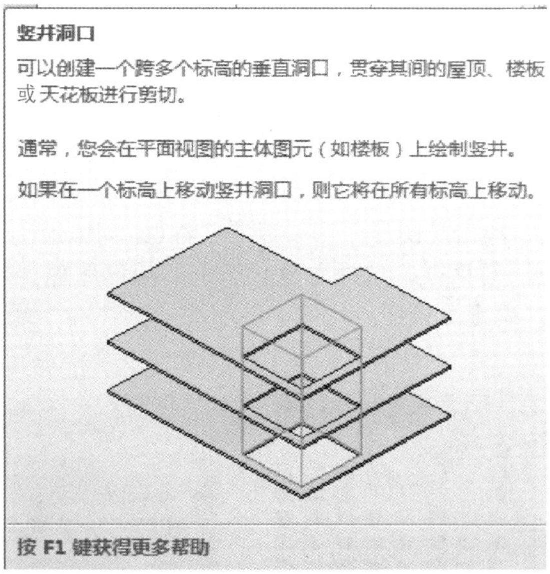

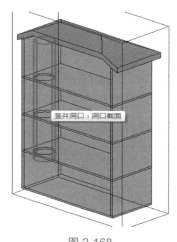

图 2-167

图 2-168

2.墙洞口

"墙洞口"只能用于剪切墙。可以在直墙或者弧形的墙中剪切一个矩形洞口。如果需要圆形或其他形式的洞口,"墙洞口"命令无法完成。

墙洞口绘制步骤如下。

(1)打开作为绘制洞口主体的墙的立面或者剖面视图。

(2)单击"墙洞口"按钮,选择作为洞口主体的墙,单击。

(3)绘制一个矩形洞口。待指定了洞口的最后一点之后,将显示此洞口。

(4)选择洞口,使用拖曳控制柄可以修改洞口的尺寸位置。

绘制完成之后按两次 Esc 键退出,切换到三维视图,如图 2-169 所示。

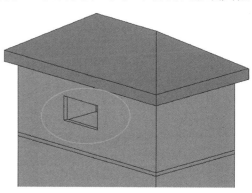

图 2-169

2.11　渲染与漫游

在 Revit 中，可使用不同的效果和内容（如照明、植物、贴花和人物）来渲染三维模型，通过视图展现模型真实的材质和纹理，还可以创建效果图和漫游动画，全方位展示建筑师的创意和设计成果。如此，在一个软件环境中，即可完成从施工图设计到可视化设计的所有工作，改善了以往在几个软件中操作所带来的重复劳动、数据流失等弊端，提高了设计效率。

本节将重点讲解设计表现内容，包括设置构件材质、创建相机视图、渲染以及漫游的创建与编辑方法。

2.11.1　设置构件材质

在渲染之前，需要先给构件设置材质。材质用于定义建筑模型中图元的外观，Revit 提供了许多可以直接使用的材质，也可以自己创建材质。

（1）打开 Revit 自带的建筑样例项目，选择"管理"→"设置"→"材质"，打开"材质浏览器"对话框，在该对话框中，以"EIFS，外部隔热层"为例，单击"图形"选项卡下"着色"中的"颜色"图标，不选中"使用渲染外观"复选框，可打开"颜色"对话框，选择着色状态下的构件颜色。单击选择倒数第三个浅灰色的矩形，如图 2-170 所示，单击"确定"按钮。

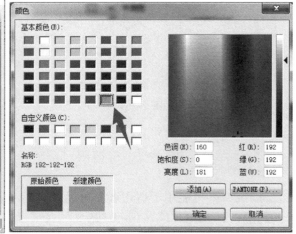

图 2-170

（2）单击"材质浏览器"对话框中的"表面填充图案"下的"填充图案"按钮，弹出"填充样式"对话框，如图 2-171 所示。在下方"填充图案类型"中选择"模型"，在填充图案样式列表中选择"垂直 – 100mm"，单击"确定"按钮回到"材质浏览器"对话框。

（3）单击"截面填充图案"下的"填充图案"按钮，同样弹出"填充样式"对话框，单击左下角的"无填充图案"按钮，先关闭"填充样式"对话框。

单击"材质浏览器"对话框左下方的"打开／关闭资源浏览器"按钮，打开"资源浏览器"对话框，双击"3 英寸方形 – 白色"，便将"3 英寸方形 – 白色"的外观添加到该材质中，在"材质浏览器"对话框中单击"确定"按钮，完成材质"EIFS，外部隔热层"的修改，最后保存文件即可。在构件编辑的过程中，可对新建的材质进行效果展示，如图 2-172 所示为"常规 – 200mm"基本墙的材质设置。

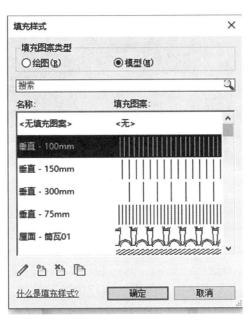

图 2-171

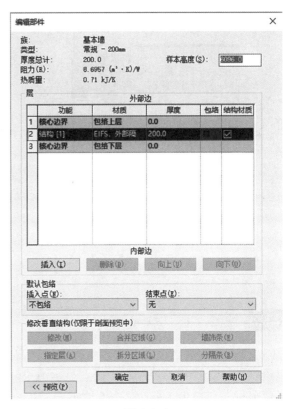

图 2-172

2.11.2 创建相机视图

对构件赋予材质后，在渲染前，一般需先创建相机透视图，生成渲染场景。

（1）在项目浏览器中双击视图名称"标高 1"进入一层平面视图。选择"视图"→"三维视图"→"相机"，选中选项栏中的"透视图"复选框（如果取消选中"透视图"选项复选框，则创建相机视图为没有透视的正交三维视图），偏移量为 1750mm，如图 2-173 所示。

图 2-173

（2）移动光标至绘图区域标高 1 视图中，在右下角单击放置相机。将光标向右上角移动，超过建筑绿色房间区域，单击放置相机视点，如图 2-174 所示。此时一张新创建的三维视图会自动弹出，在项目浏览器的"三维视图"项下，增加了相机视图"三维视图 1"。

（3）双击进入"三维视图 1"，选择"窗口"面板中的"平铺"（快捷键 WT）命令，此时绘图区域同时打开三维视图 1 和标高 1 视图，在三维视图 1 中将视图控制栏内的"视觉样式"替换显示为"着色"，单击选中三维视图的视口最外围，视口各边中点会出现四个蓝色控制点，同时标高 1 视图中会同步显示出刚放置的相机。可继续拖动相机调整照射的方位，或在三维视图 1 中选择某控制点，单击并按住向外拖曳，放大视口直至找到合适的视野区域再松开鼠标。至此就创建了一个相机透视图，如图 2-175 所示。除此以外，三维视图中已创建了多个角度的相机视图，可打开查看各相机设置。

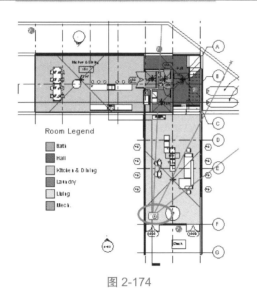

图 2-174

图 2-175

2.11.3 渲染

（1）Revit 的渲染设置非常容易操作，只需要设置真实的地点、日期、时间和灯光即可渲染三维及相机透视图。选择视图控制栏中的"显示渲染对话框"选项，或单击"图形"面板中的"渲染"按钮，弹出"渲染"对话框，如图 2-176 所示。

（2）按照"渲染"对话框设置样式，单击"渲染"按钮，开始渲染并弹出"渲染进度"工具条，显示渲染进度，如图 2-177 所示。

（3）完成渲染后的图形如图 2-178 所示。单击"导出"按钮（图 2-176）将渲染存为图片格式。关闭"渲染"对话框后，图形恢复到未渲染状态。如要查看渲染图片，则可在项目浏览器的"渲染"视图中打开，如图 2-179 所示。

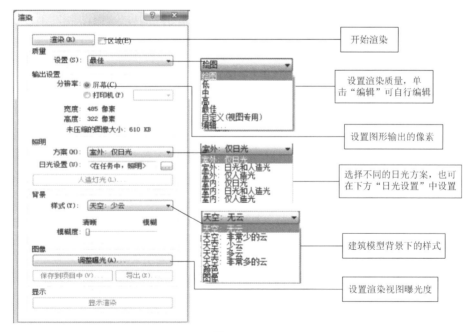

图 2-176

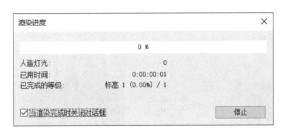

图 2-177

图 2-178

图 2-179

2.11.4 漫游的创建与编辑方法

前面已讲述相机的使用及生成渲染图片，另外通过设置各个相机路径，即可创建漫游动画，动态查看与展示项目设计。

1. 创建漫游

（1）在项目浏览器中双击视图名称"标高 1"进入首层平面视图，选择"视图"→"三维视图"→"漫游"。在选项栏处相机的默认偏移量为 1750mm，也可自行修改，如图 2-180 所示。

图 2-180

（2）光标移至绘图区域，在平面视图中单击"开始绘制路径"，即绘制漫游所要经过的路线。光标每单击一个点，即创建一个帧，沿别墅外围逐个单击放置关键帧。若放置时看不到放置的相机，则在"属性"选项板中，取消选中"裁剪视图"选项。路径围绕别墅一周后，单击选项栏中的"完成漫游"按钮或按快捷键 Esc 键即可完成漫游路径的绘制，如图 2-181 所示。

（3）完成路径后，项目浏览器中会出现"漫游"项，可以看到刚刚创建的漫游名称为"漫游"。双击"漫游"打开漫游视图。选择"窗口"面板中的"关闭非活动"选项，双击"项目浏览器"中"楼层平面"下的"标高"，打开一层平面图，选择"窗口"面板中的"平铺"选项，此时绘图区域会同时显示平面图和漫游视图。

在视图控制栏中将漫游视图的"视觉样式"替换显示为"着色"，选择渲染视口边界，单击视口四边上的控制点，按住鼠标左键向外拖曳，即可放大视口，如图 2-182 所示。

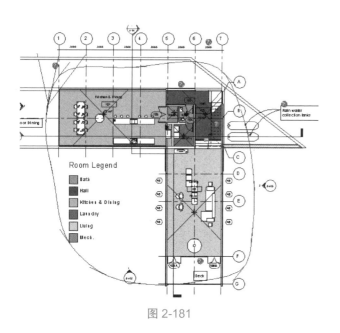

图 2-181   图 2-182

2. 编辑漫游

（1）在完成漫游路径的绘制后，可在"漫游"视图中选择外边框，从而选中绘制的漫游路径。在弹出的"修改 | 相机"上下文选项卡中，选择"漫游"面板中的"编辑漫游"选项。

（2）在选项栏中的"控制"下拉菜单中可选择"活动相机""路径""添加关键帧""删除关键帧"四个选项。

（3）选择"活动相机"选项后，平面视图中即出现由多个关键帧围成的红色相机路径，对相机所在的各个关键帧位置，可调节相机的可视范围及相机前方的原点调整视角。完成一个位置的设置后，选择"编辑漫游"→"漫游"→"下一关键帧"，如图 2-183 所示。设置各关键帧的相机视角，使每帧的视线方向和关键帧位置合适，从而得到完美的漫游效果，如图 2-184 所示。

图 2-183

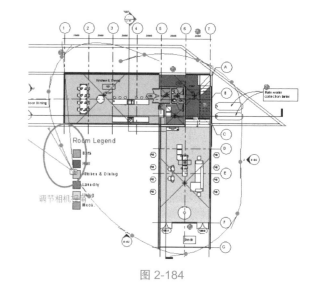

图 2-184

（4）选择"路径"后，则平面视图中会出现由多个蓝点组成的漫游路径，拖动各个蓝点可调节路径，如图 4-185 所示。

（5）选择"添加关键帧"和"删除关键帧"选项后可添加或删除路径上的关键帧。

（6）编辑完成后可单击选项栏中的"播放"键，播放刚完成的漫游，以观看或检查效果。

（7）漫游创建完成后，选择应用程序菜单"导出"→"图像和动画"→"漫游"，弹出"长度 / 格式"对话框，如图 2-186 所示。

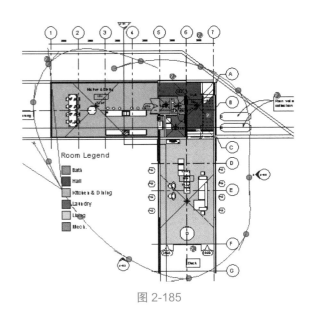

图 2-185

图 2-186

其中"帧 / 秒"项用于设置导出后漫游的速度为每秒多少帧，默认为 15 帧 / 秒。15 帧 / 秒的播放速度会比较快，可将设置改为 3 帧 / 秒，播放速度将比较合适。单击"确定"按钮后会弹出"导出漫游"对话框，在该对话框中输入文件名，选择文件类型与路径，单击"保存"按钮，弹出"视频压缩"对话框，压缩模式默认为"全帧（非压缩的）"，其产生的文件会非常大，建议在下拉列表中选择压缩模式为"Microsoft Video 1"，此模式为大部分系统可以读取的模式，同时可以缩减文件大小，最后单击"确定"按钮将漫游文件导出为外部 AVI 格式文件。

本 章 小 结

本章主要介绍了 Revit 立面各个基本构建命令的应用和编辑，这些都属于建模的基本操作。我们不仅要熟练掌握这些命令的运用，还要清楚这些基本构建的绘制方法。在接下来的实战案例中我们会运用到这些基本构建命令，大家可以跟着案例去练习操作。

第 3 章

标准化出图与管理

本章导读

在 Revit 中，可以创建一张图纸，将不同的明细表、视图等添加到其中，从而形成施工图用于发布和打印，也可以将施工图导出为 CAD 格式的文件，以实现与其他软件的信息交换。在施工现场，客户、工程师、施工专业人员可以在已打印的图纸上进行标注，以便后期修订。

本章还将介绍当一个团队使用 Revit 平台进行合作时应采用的协同方法和策略。学习中应了解协同设计的概念，并对链接模型、链接工作集、共享数据的方法加深理解。

学习重点

（1）创建图纸和布置视图。
（2）图纸打印和导出。
（3）模型数据的引用与管理。

3.1　创建图纸和布置视图

3.1.1　创建图纸

图纸是施工图文档集的独立的页面，在 Revit 中，可以为施工图文档集中的每张图纸创建一个图纸视图，然后在每个图纸视图上放置多个图形或明细表。

选择"视图"→"图纸组合"→"图纸"，弹出"新建图纸"对话框，如图 3-1 所示。选择合适的图纸标题栏，遇到特殊的标题栏，可以单击"载入"按钮，在弹出的"载入族"对话框中选择所需的标题栏。单击"打开"按钮载入项目中。本次选择"A2 公制"图纸，单击"确定"按钮，完成图纸的创建。如图 3-2 所示，Revit 已经创建了一个图纸视图，在项目浏览器中的"图纸"列表中，已添加了

"A101– 未命名"图纸。

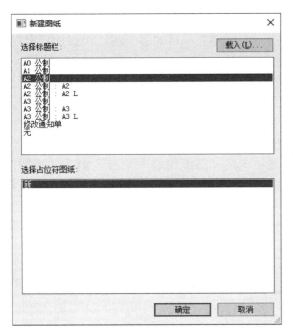

图 3-1

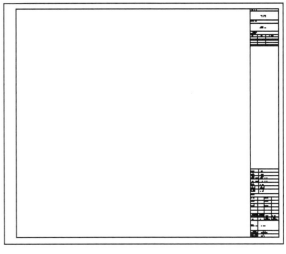

图 3-2

3.1.2　设置项目信息

（1）在标题栏中除了显示当前图纸名称、图纸编号外，还将显示项目的一些相关信息，如项目地址、项目名称和项目编号等内容。可以使用"项目信息"工具设置项目的信息参数。

（2）选择"管理"选项卡，单击"设置"面板上的"项目信息"按钮，弹出"项目信息"对话框，如图 3-3 所示。根据项目的实际情况输入各类参数信息，单击"确定"按钮，完成项目信息的设置。

图 3-3

3.1.3 放置视图

在图纸中，可以添加一个或多个不同的视图，包括平面图、立面图、三维视图、剖面图、详图视图、绘图视图和渲染视图等。每个视图只能放置到一张图纸上。要在项目的多个图纸中添加特定视图，可以创建视图副本，并将每个视图放置到不同的图纸上。

图 3-4

（1）展开项目浏览器中的"图纸"选项，右击" A101– 未命名"，选择弹出列表中的"重命名"选项，输入合适的"数量"和"名称"，如图 3-4 所示。

（2）在项目浏览器中按住鼠标左键，拖动"1F"到"别墅"图纸视图中；或者回到"视图"选项卡的"图纸组合"面板，单击"视图"按钮，在弹出的"视图"列表中选择"楼层平面 1F"，单击"在图纸中添加视图"按钮，如图 3-5 所示。

选中图纸中的平面视图 1F，在"属性"选项板中修改"视图名称"为"首层平面图"，如图 3-6 所示。

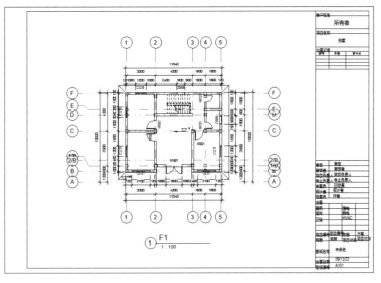

图 3-5

图 3-6

小提示

在"属性"选项板中将"视图名称"修改为"首层平面图"后，可以看到图纸中的名称也跟随改变。对于图纸"首层平面图"下面的横线，如果觉得太长，可以单击图纸上的视图，当横线的两端显示为蓝色时，即可拖动两端到合适的长度，如图 3-7 所示。

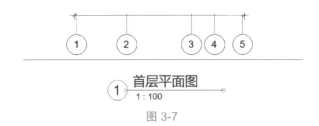

图 3-7

3.1.4 将明细表添加到视图中

（1）在图纸视图中，选择项目浏览器中的明细表，按住鼠标左键，将明细表拖动到"别墅"图纸视图中，放置好的明细表就会在图纸中显示出来。对于图纸中放置好的明细表，可以对其进行修改，在图纸视图中右击明细表，选择列表中的"编辑明细表"选项，即可编辑明细表的单元。

（2）图纸中放置好的明细表，可以调整其列宽，单击选择图纸视图中的明细表，在明细表的每一列的右上角会出现一个蓝色的三角形，可以左右地拖曳蓝色三角形到合适的宽度。

3.1.5 分割视图

在创建图纸视图时，对于楼层视图范围太大而不能在一个图纸视图中完全放置的情况，可以选择为该视图创建多个图纸视图，即将该视图分割成多个部分，只在每一个图纸视图中显示其中一个部分。

（1）选择"视图"选项卡，单击"图纸组合"面板上的"图纸"按钮，在弹出的"新建图纸"对话框中选择"A3 公制"标题栏，将项目浏览器中的"1F"平面视图拖动到新建图纸中，如图 3-8 所示，"1F"平面视图大于图纸视图，这时可以通过两个图纸视图来分割视图。

（2）在主视图中添加拼接线。拼接线表示视图拆分的位置。打开"1F"平面视图，选中属性列表中的"裁剪区域可见"复选框，使裁剪区域可见。选择"拼接线"选项，在视图中绘制拼接线，如图 3-9 所示。

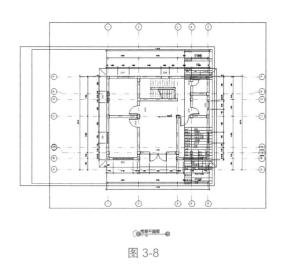

图 3-8

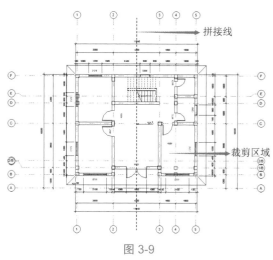

图 3-9

（3）在项目浏览器中，右击"1F"平面视图，在列表中选择"复制视图 – 带细节复制"选项，复制一个"副本：1F"平面视图。在每个相关视图中，将属性列表中的"裁剪区域可见""裁剪视图"选中，单击并拖动裁剪范围框，将需要在该视图中显示的模型部分裁剪出来，如图 3-10 所示。对于不需要在视图中显示的注释或模型图元，可在该图元上右击，在弹出的列表中选择"在视图中隐藏 – 图元"选项。

（4）根据视图的大小裁剪好视图后，把"1F"和"副本：1F"平面视图分别拖曳到两个 A3 图纸视图中，完成后如图 3-11 所示。

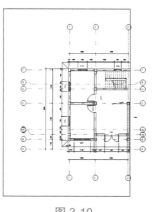

图 3-10

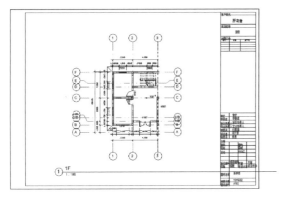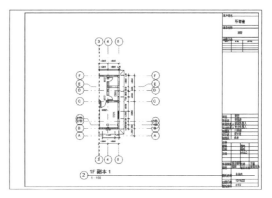

图 3-11

→ 小提示

　　裁剪视图完成后，为了使图纸看起来美观大方，可以回到楼层平面中，在属性列表中取消已选的"裁剪区域可见"。

3.2　激活视图

　　需要修改视图比例时，单击图纸中的"1F"平面视图，Revit 会自动切换到"修改|视口"上下文选项卡，单击"视口"面板上的"激活视图"按钮，此时"图纸标题栏"将灰显，单击视图控制栏中的"视图比例"按钮，在弹出的视图比例列表中将比例设置为 1∶100，如图 3-12 所示。或者可以回到 1F 楼层平面进行比例的修改。比例设置完成后，在视图的空白位置右击，选择弹出列表中的"取消激活视图"选项，完成比例的设置，如图 3-13 所示。

图 3-12

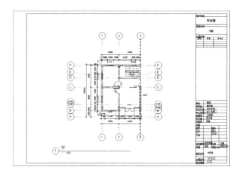

图 3-13

3.3　导向轴网及对齐视图

　　可以在图纸中添加导向轴网来对齐视图，以便视图在不同的图纸上出现在相同的位置。也可以先将同一个导向轴网显示在不同的图纸视图中，然后在不同的图纸视图之间共享导向轴网。创建新的导向轴网时，它们在图纸的实例属性中变得可用，并且可应用于图纸。创建新的导向轴网时，建议仅创建几个导向轴网，然后将其应用于图纸。在一张图纸中更改导向轴网的属性 / 范围时，使用该轴网的所有图纸都会相应得到更新。

（1）打开图纸视图，选择"视图"→"图纸组合"→"导向轴网"，弹出"指定导向轴网"对话框，在该对话框中，选择"新建"命令，输入名称，然后单击"确定"按钮。完成后如图 3-14 所示。

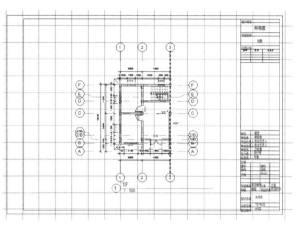

图 3-14

（2）添加到图纸中的导向轴网，可以继续编辑其属性和设置。单击选中已经创建好的导向轴网，在"属性"选项板中对其参数进行修改，如图 3-15 所示。被选中的导向轴网四边会出现范围控制点，如图 3-16 所示，可单击并拖曳范围控制点以指定导向轴网的范围。

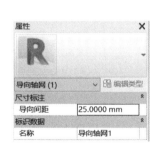

图 3-15

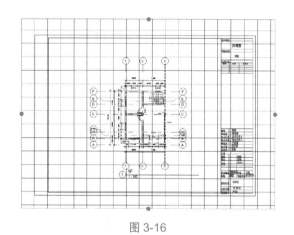

图 3-16

（3）创建完成导向轴网后，可以在"对象样式"对话框中更改导向轴网的线样式，包括"线宽""线颜色""线型图案"。在项目中，单击"管理"选项卡"设置"面板中的"对象样式"按钮，在弹出的"对象样式"对话框中选择"注释对象"选项卡，选择"类别"下的"导向轴网"选项，在"线宽""线颜色"和"线型图案"列指定所需的设置，如图 3-17 所示，单击"确定"按钮。

（4）创建共享导向轴网。创建第二个图纸视图，双击第二个图纸名称进入图纸视图，再次单击"导向轴网"按钮，弹出"指定导向轴网"对话框，如图 3-18 所示。在"选择现有轴网"中选择已创建的导向轴网名称，选择完成后单击"确定"按钮，图纸视图中便添加导向轴网了。

图 3-17

图 3-18

3.4　图纸打印与导出

图纸布置完成后，可以将指定的图纸视图导出为 CAD 图，也可以利用打印机把图纸视图打印出来。

3.4.1　图纸打印

（1）"打印"工具可打印当前窗口、当前窗口的可见部分或所选的视图和图纸。可以将所需的图形发送到打印机，导出为 PDF 文件。

① Revit 在默认情况下会打印视图中使用"临时隐藏 / 隔离"隐藏的图元。

② 使用"细线"工具修改过的线宽打印出来也是按其默认的线宽。

③ Revit 在默认情况下不会打印参照平面、工作平面、裁剪边界、未参照视图的标记和范围框。

（2）选择"文件"→"打印"，弹出"打印"对话框，如图 3-19 所示。在"名称"下拉列表中选择可用的打印机，这里以选择"Fax"为例介绍打印方法（也可选择安装其他 PDF 产品）。

（3）单击"名称"后的"属性"按钮，弹出打印机的"Fax 属性"对话框，如图 3-20 所示，可以根据需求设置打印机的"属性"值。

图 3-19

图 3-20

（4）在"打印范围"选项中选中"所选视图 / 图纸"单选按钮，"选择"按钮被激活，单击"选择"按钮，弹出"视图 / 图纸集"对话框，如图 3-21 所示。

（5）只选中对话框中的"显示"区域的"图纸"复选框，对话框中将只显示所有的图纸，单击对话框右边的"全部选择"按钮，所有图纸的复选框会被自动选中，单击"确定"按钮回到"打印"对话框。

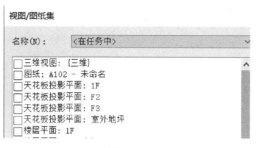

图 3-21

（6）单击"选项"区域的"设置"按钮，弹出"打印设置"对话框，设置打印采用的纸张尺寸、打印方向、页面位置、打印缩放、打印外观；设置完成后，单击"确定"按钮回到"打印"对话框。

（7）单击"确定"按钮，即可自动打印图纸。

小提示

打印设置完成之后，可以单击对话框右边的"另存为"按钮，将打印设置保存为新配置选项，在"新建"对话框中输入新的名称，以便下次打印时快速选择。

3.4.2　图纸导出

Revit 支持将图纸导出为 CAD（DWG 和 DXF）、ACIS（SAT）和 DGN 几种文件格式。

（1）DWG（绘图）格式是 AutoCAD® 和其他 CAD 应用程序所支持的格式。DXF（数据传输）是一种许多 CAD 应用程序都支持的开放格式。DXF 文件是描述二维图形的文本文件。由于文本没有经过编码或压缩，因此 DXF 文件通常很大。如果将 DXF 用于三维图形，则需要执行某些清理操作，以便正确显示图形。SAT 是用于 ACIS 的格式，它是一种受许多 CAD 应用程序支持的实体建模技术。DGN 是受 Bentley Systems，Inc. 的 MicroStation 支持的文件格式。

（2）如果在三维视图中使用其中一种导出工具（选择 📁→"导出"→"CAD 格式"），则 Revit 会导出实际的三维模型，而不是模型的二维表示，在三维视图中导出将忽略所有的视图设置。要导出三维模型的二维表示，需要将三维视图添加到图纸中并导出图纸视图，这样才可以在 AutoCAD 中打开该视图的二维版本。

（3）如果导出的是项目的某个特定部分，则可以在平面、立面、剖面的三维视图中使用剖面框，在二维视图中使用裁剪区域，导出的文件不包含完全处于剖面框或裁剪区域以外的图元。

（4）导出为 DWG。Revit 所有的平面图、立面图、剖面图、三维视图和图纸等都可以导出为 DWG 格式图形，而且导出后的图层、线型、颜色等可以根据需要在 Revit 中设置。

回到"别墅 – 首层平面图"图纸视图。选择 📁→"导出"→"CAD 格式"→📄（DWG），弹出"DWG 导出"对话框（图 3-22）。

在"DWG 导出"对话框中，如果"选择导出设置"下没有所需设置，则可从下拉列表中选择另一个设置。单击 … 按钮，可修改选定的设置或创建新设置（修改导出设置）。在"修改 DWG/DXF 导出设置"对话框中（图 3-23），可根据需要在其包含的选项卡中指定输出选项，如图层、线型、填充图案、字体等，设置完成后单击"确定"按钮。

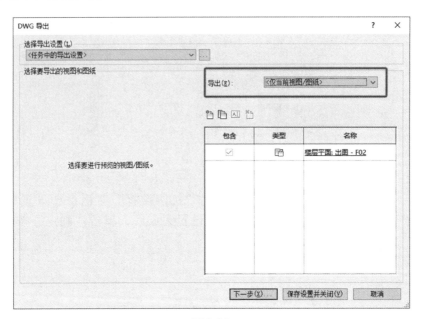

图 3-22

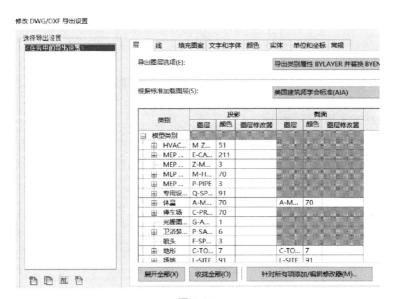

图 3-23

在"修改 DWG/DXF 导出设置"对话框中，可指定要将哪些视图和图纸导出到 DWG 或 DXF 文件中。保存"单个视图"时，在图 3-22 所示的"导出"列表中，选择"＜仅当前视图 / 图纸＞"；当保存"多个视图和图纸"时，在图 3-22 所示的"导出"列表中，选择"＜任务中的视图 / 图纸集＞"，然后选择要导出的视图和图纸。

在图 3-22 所示的"DWG 导出"对话框中，单击"下一步"按钮，可定位到要放置导出文件的目标文件夹。在"类型"下，为导出的 DWG 文件选择 AutoCAD 版本。

输入文件名称，单击"确定"按钮，即可将所选的图纸导出为 DWG 数据格式。如果希望项目中的任何 Revit 或 DWG 链接导出为单个文件，而不是多个彼此参照的文件，要取消选中"将图纸上的视图和链接作为外部参照导出"复选框，如图 3-24 所示。

图 3-24

3.5　模型数据的引用与管理

一个项目的建造往往包含了大量的信息，已不能由一个人独立完成，许多项目需要由多个人乃至多个工种之间协同操作才能完成。在本节中，介绍了两种不同的协同操作方式，即模型链接和工作集。

3.5.1　模型链接

在 Revit 中，使用者可以在一个项目中链接许多外部模型，这样有助于在处理大型项目时能很方便地管理各个部分，从而提高使用性能及效率。

在实际使用过程中，模型链接有着不同的使用形式：在一个项目中，需要有多栋建筑物，建模者可以将每一栋建筑物分给不同的建模人员分开建模，然后利用模型链接的方式将每个建筑物链接进一个项目中。在不同规程（如建筑模型与结构模型）之间的协调过程中，需要进行多专业协同设计，建筑、结构设计人员也可以各自完成自己的工作，然后利用模型链接的方式将建筑与结构模型链接整合在一起。

在本节中，主要介绍单层建筑与多层建筑的关系：在一个多层建筑中，由于项目要求、操作习惯、工作效率的不同，在建模时，可将其分成若干部分，分给不同的 BIM 操作人员完成。操作人员操作时，既可以在一个轴网中直接创建一个超高层模型，也可以在每个轴网创建单层的模型，最后通过模型链接的方式将模型整合在一起。在 BIM 的应用中，不管用何种方式创建，它都需要有单层的模型文件及一个链接好的超高层模型文件，以便后期的施工模拟、检测等应用。

3.5.2　工作集

工作集是 Revit 提供给用户的另外一种协同操作方式。工作集与模型链接的不同之处在于：模型链接中的各个模型是独立的，当模型在编辑时，其他人无法改动；而工作集是多人共同编辑一个存在于局域网上的"中心文件"，每个操作人员有各自的权限，只能修改自己权限内的内容，一旦需要编辑权限外的部分，则需得到临时授予的"权限"才能进行操作。

工作集应用展示如图 3-25 所示。

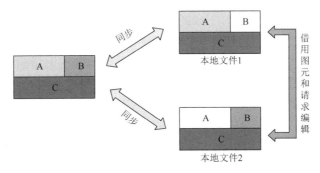

图 3-25

3.5.3 模型拆分与组合原则

一般模型在最初阶段应创建独立的、单用户的文件。随着模型规模的不断扩大或团队成员的不断增加，应对模型进行拆分。模型拆分的主要目的是使每个设计人员清晰地了解所负责的专业模型的边界，顺利地开展协同工作；同时保证在模型数据不断增加的过程中硬件的运行速度。拆分的原则是边界清晰、个体完整。一般项目的 BIM 模型应根据工程的特点和经验拆分。通常采用的拆分原则如下。

（1）一个文件最多包含一个建筑体。

（2）一个模型文件应仅包含一个专业的数据。

（3）单个模型文件不宜大于 200MB。

（4）当一个项目包含多个拆分模型时，应创建一个专业的"中心文件"，将多个模型组合在一起。

本节内容以第 4 章中的"大型综合体"项目为例做详细讲解。

1. 总体原则

在按照系统划分模型的基础上，各系统再进一步按照空间区域拆分，并且每个区域内可进一步拆分为楼层。地下部分按楼层拆分，地上部分各系统整合并进一步拆分为楼层。

2. 文件大小控制

单个模型文件的大小，最大不宜超过 200MB，以避免后续多个模型文件操作时硬件设备运行速度过慢。

 小提示

结构系统拆分时，应注意考虑竖向承力构件贯穿建筑分区的情况，应先保证体系的完整性和连贯性。

3.5.4 创建与使用工作集

协同建模通常有两种工作模式，即"工作集"和"模型链接"，或者两种方式混合。这两种方式各有优缺点，但最根本的区别是："工作集"允许多人同时编辑相同模型，Revit 提供的工作集方式可用于多个人员共同编辑一个中心文件，从而实现不同人员之间对同一个模型的实时操作。而"模型链接"是独享模型，当某个模型被打开编辑时，其他人只能"读"而不能"改"。

在本节中，主要介绍了工作集的使用，在使用工作集时，要求协同操作的人员存在于同一个网络环境中，并在一个网络服务器上建立一个共享的文件夹。

（1）在本地磁盘中任意位置新建一个文件夹，命名为"第三章"，完成后右击，在弹出的快捷菜单中选择"属性"选项，设置其属性为"共享"，如图 3-26 所示。单击"高级共享"按钮，在弹出的对话框中单击"权限"按钮，在弹出的"第三章的权限"对话框中设置"Everyone 的权限"为"完全控制""更改""读取"，单击"确定"按钮完成，如图 3-27 所示。

（2）在计算机上打开"网络"，找到共享文件夹并为其创建映射网络驱动器，同时，其他参与协同操作的计算机也需要在本地映射网络驱动器，如图 3-28 所示。

（3）打开需要创建工作集的项目文件，本节以"DXZHT_GD_STUR_ZF_F01"模型为例。

① 以 BIM 经理的身份创建工作集，选择"协作"→"工作集"→"工作集" 👘，弹出"工作共享"对话框，在该对话框中，"将剩余图元移动到工作集"选择"项目负责人"，如图 3-29 所示，单击"确定"按钮。

图 3-26

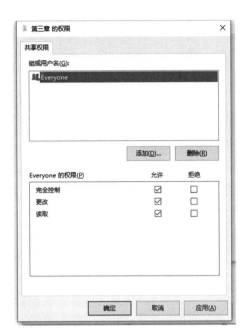

图 3-27

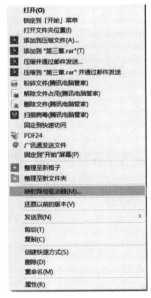

图 3-28

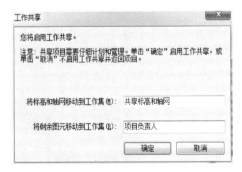

图 3-29

② 在弹出的"工作集"对话框中，单击"新建"按钮，新建两个工作集并将其分别命名为"建筑师 1""建筑师 2"，在创建时都选中"在所有视图中可见"复选框，如图 3-30 所示，单击"确定"按钮关闭对话框。

图 3-30

（4）分配工作任务，框选项目中的所有图元，选择"修改|选择多个"→"选择"→"过滤器"，在弹出的"过滤器"对话框中选择所有的柱子图元，单击"确定"按钮完成。在柱子的"属性"选项板中，选择"工作集"下拉列表中的"建筑师 2"，将所有柱子分配给"建筑师 2"，如图 3-31 所示，单击"应用"按钮完成。

图 3-31

（5）将文件"另存为"到刚才设置的共享文件网络驱动器中，保存后再次单击"协作"选项卡中的"工作集"按钮，将所有的工作集"可编辑"设置为"否"后，单击"确定"按钮关闭对话框，如图 3-32 所示。

（6）单击"协作"选项卡"与中心文件同步"中的"立即同步"按钮来同步中心文件，如果有需要，可以为此次同步添加注释，以表明此次工作的内容。

（7）此时工作集任务的分配已经完成，接下来将以项目负责人的身份认领权限。

① 打开 Revit，新建样板文件，打开"开始"菜单中的"选项"，更改自己的用户名为"项目负责人"，单击"完成"按钮。

② 打开中心文件网络驱动器中的建筑模型，在"打开"面板中只选中"新建本地文档"复选框，不选择"从中心文件分离"复选框。新建的本地文件默认被保存在"文档"中，再次打开模型时可以直接打开本地文件。

③ 再次单击"协作"选项卡中的"工作集"按钮，以项目负责人的身份认领权限。将"共享标高和轴网"及"项目负责人"的工作集"可编辑"设置为"是"状态，如图 3-33 所示。此时项目负责人拥有标高、轴网和其他未分配的图元的编辑权限，其他人不可更改。

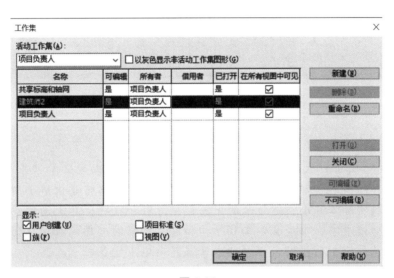

图 3-33

④ 单击"协作"选项卡"与中心文件同步"中的"再次同步"按钮来完成自己的工作，并同步采取以上程序，可以对一个设计模型进行拆分，并且根据项目的需求分配给设计团队的不同设计者，这样就初步完成了建筑专业协同平台的搭建。

本 章 小 结

标准化出图在每个项目设计中都是要应用到的，本章详细地讲解了标准化出图的流程，包括从创建图纸到布置视图再到最后的导出图纸。通过学习本章的内容，读者可以清楚地了解 BIM 技术和传统 CAD 出图。

第 4 章
实战应用

本章导读

本章以小别墅、中型建筑、大型综合体等实际案例为蓝本，帮助读者学习并掌握 Revit 建模的完整流程，在熟练基本操作的同时了解各种复杂构件的绘制方法。本章首先讲解小别墅项目建筑模型的创建方法，帮助读者掌握实际工程小型建筑物的完整创建流程和技巧；其次通过对中型建筑项目结构和建筑模型的讲解，帮助读者掌握中型主体工程结构和建筑建模的工序流程和技巧；最后通过对大型综合体项目复杂地下室构件绘制的讲解，帮助读者掌握复杂地下室基础、人防、车道、异形构件等的绘制流程和技巧，旨在让读者掌握各种类型项目的建模流程和技巧。

学习重点

（1）小别墅实战案例。
（2）中型建筑实战案例。
（3）大型综合体实战案例。

4.1　小别墅实战案例

本节主要是完成选取的"1+X"建筑信息模型（BIM）职业技能等级考试中的一道综合试题——小别墅的建筑建模，结合前面学习的内容进行一个综合应用的讲解。根据给出的平面图、立面图、剖面图和大样图等图纸，创建小别墅的三维模型。

4.1.1　项目概况

名称：小别墅。
建筑地点：江苏南京市。

总建筑面积：225m²。

建筑层数：2 层。

建筑高度：9.527m。

根据给出的图纸创建标高、轴网、柱、墙、门窗、楼板、屋顶、台阶、散水、楼梯等，栏杆尺寸及类型自定，门窗需创建门窗明细表，未标明尺寸则不做要求。

4.1.2 项目信息设置

（1）新建一个项目，选择建筑样板。

（2）项目信息设置：在"管理"选项卡中单击"项目信息"按钮，弹出的"项目信息"对话框，在该对话框中填写项目发布日期、项目地址、项目名称等信息，如图 4-1 所示。

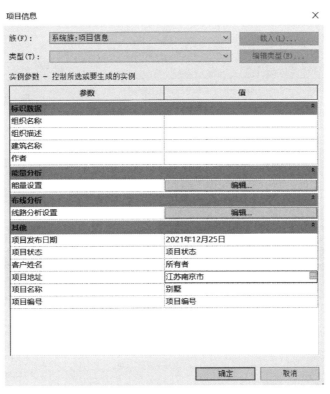

图 4-1

4.1.3 绘制标高和轴网

（1）绘制标高：在项目浏览器中展开"立面"（建筑立面）项，双击"南"进入南立面视图。首先修改标高名称为室外地坪、F1、F2…，接着调整"F2"标高，将一层与二层之间的层高修改为 3.3m，如图 4-2 所示。

然后单击建筑标高，按建筑立面图的标高数据进行绘制。建筑的标高创建完成如图 4-3 所示。

（2）绘制轴网：在项目浏览器中双击"楼层平面"项下的"F1"视图，打开一层平面视图。按照图纸中的轴网绘制每一条轴线，标

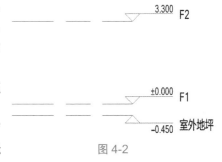

图 4-2

注对应的轴号，如图 4-4 所示。

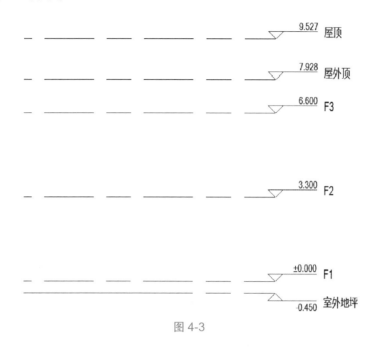

图 4-3

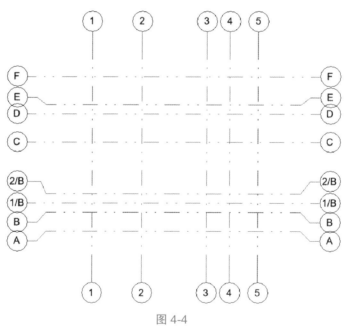

图 4-4

4.1.4 绘制柱

在"F1"视图中绘制柱：选择"建筑"→"构建"→"柱"→"建筑柱"，编辑柱类型。复制矩形柱并命名为"Z300*300"，编辑柱类型属性，柱宽度、深度均为 300mm，材质为混凝土，并完成建筑柱的绘制，如图 4-5、图 4-6 所示。

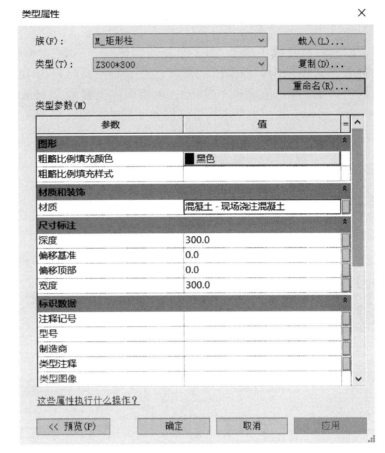

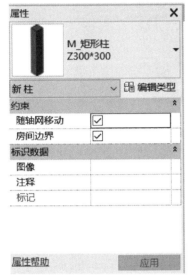

图 4-5

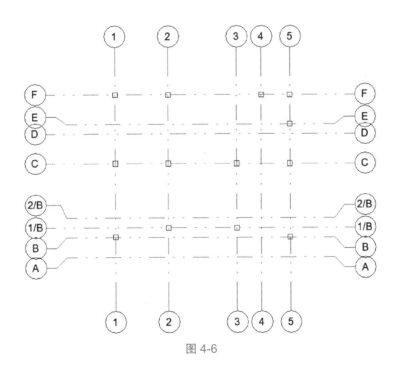

图 4-6

4.1.5 绘制墙

（1）绘制一层外墙：选择"建筑"→"构建"→"墙"，编辑墙类型。复制基本墙并命名为"外墙240"，接着编辑墙结构。根据图纸要求，外墙面主要材料为10mm厚灰色涂料（外部）、220mm厚混凝土砌块、10mm厚白色涂料（内部）；内墙面主要材料为10mm厚白色涂料、220mm厚混凝土砌块、10mm厚白色涂料。我们主要来设置结构和面层的数据，如图4-7所示。

绘制墙体

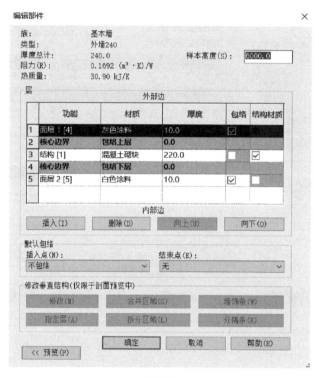

图 4-7

编辑好墙体属性之后即可开始绘制墙体，根据图纸要求，外墙中心线与轴线平齐，绘制墙体时"定位线"设置为"墙中心线"，如图4-8所示。从2轴和1/B轴的交点开始顺时针绘制到3轴和1/B轴的交点结束，然后以1/B轴定出大门墙体的位置，绘制大门的墙体，如图4-9所示。

图 4-8

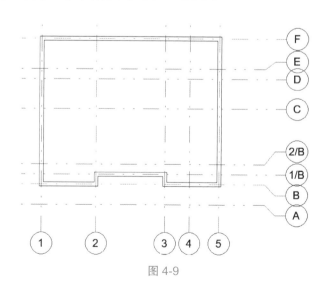

图 4-9

（2）绘制一层内墙：内墙厚为 240mm，按外墙的绘制步骤进行绘制即可，如图 4-10、图 4-11 所示。

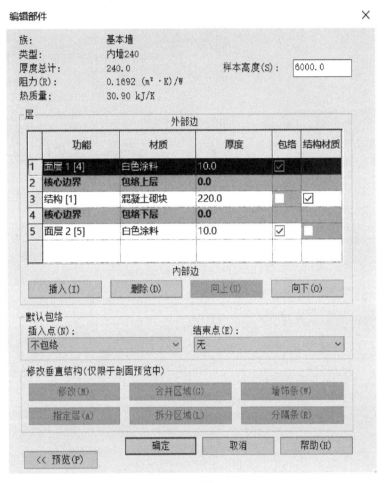

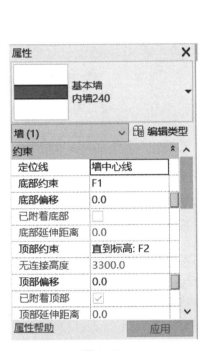

图 4-10

图 4-11

4.1.6 绘制门窗

（1）绘制一层大门：选择"建筑"→"构建"→"门"，编辑门类型属性，载入双扇玻璃门族库，命名为"M1821"，调整对应的尺寸，单击"确定"按钮开始绘制。注意调整好门边距，如图 4-12 所示。

（2）绘制一层房间门：一层房间门的绘制步骤与绘制一层大门一样，如图 4-13 所示。

（3）绘制一层窗：选择"建筑"→"构建"→"窗"，编辑窗类型属性，载入推拉窗族，按照图纸"C1215"来命名，设置好窗的尺寸，然后布置窗，调整好位置。其他窗载入推拉窗族和固定窗，按图纸的命名和尺寸编辑设置，然后按相应的位置布置好，如图 4-14 所示。

绘制门窗

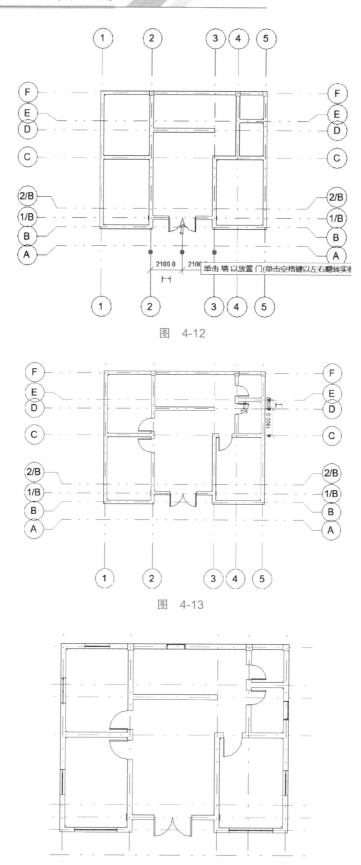

图 4-12

图 4-13

图 4-14

4.1.7 绘制楼板、阶梯和散水

（1）绘制楼板：选择"建筑"→"构建"→"楼板"→"楼板：建筑"→设置楼板厚度与材质→绘制楼板边界线（墙体内边线）→确认完成绘制，如图 4-15 所示。

（2）绘制阶梯：选择"建筑"→"构建"→"构件"→"内建模型"→常规模型（命名为"阶梯"）→放样→绘制路径→绘制阶梯轮廓→确认完成绘制，如图 4-16 所示。

图 4-15

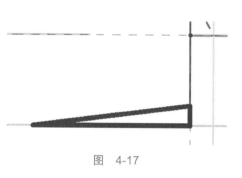

图 4-16

（3）绘制散水：选择"建筑"→"构建"→"构件"→"内建模型"→常规模型（命名为"散水"）→放样→绘制路径→绘制散水轮廓→确认完成绘制，如图 4-17 所示。

4.1.8 绘制楼梯和扶手

首先绘制辅助线，确定好楼梯的位置；选择"建筑"→"楼梯坡道"→"楼梯"→"按构件"→设置好楼梯的参数→使用梯段绘制，自动绘制平台，如图 4-18、图 4-19 所示。完成绘制后删除内侧扶手，并完成二层楼梯边缘扶手的绘制，如图 4-20 所示。

图 4-17

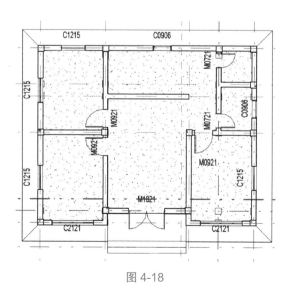

图 4-18

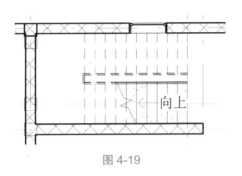

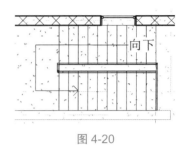

图 4-19   图 4-20

4.1.9 绘制二层

绘制阳台

绘制完一层之后，二层的墙体、门窗、楼板和楼梯等使用的绘制方法与一层是一样的。此外，二层还需要绘制阳台。

（1）阳台板的绘制：根据二层平面图，使用楼板绘制阳台板。

（2）绘制扶手栏杆：栏杆尺寸及类型自定。单击"建筑"→"构建"→"扶手栏杆"→"绘制路径"→编辑扶手栏杆类型（900mm 扶栏结构，材质自定）→绘制路径→确认完成绘制，如图 4-21 所示。

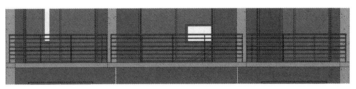

图   4-21

4.1.10 绘制屋顶

绘制屋顶

该工程为坡屋顶，选择"建筑"→"构建"→"屋顶"→"迹线屋顶"→设置悬挑520mm→编辑屋顶属性（在结构选项中根据图纸使用的材质设置）。

屋顶的材质→绘制屋顶边界线（坡度先默认）→确定完成绘制→打开南立面视图→根据图纸立面调整坡屋顶的坡度（对屋顶进行拉伸，按标高调整）→坡屋顶完成绘制→墙体附着到屋顶，如图 4-22、图 4-23 所示。

图 4-22   图 4-23

4.1.11 创建图纸

（1）创建门窗明细表：在"视图"选项卡中，选择明细表→"明细表 / 数量"→新建明细表→门→字段：类型标记、宽度、高度、合计→排序 / 成组：合计→完成，同样完成窗明细表，如图 4-24、图 4-25 所示。

创建图纸

<门明细表>			
A	B	C	D
类型标记	宽度	高度	合计
M0721	700	2100	4
M0921	900	2100	5
M1821	1800	2100	1
M2421	2400	2100	3
总计: 13			13

图 4-24

<窗明细表>				
A	B	C	D	E
类型标记	底高度	宽度	高度	合计
C0906	600	900	600	4
C1215	600	1200	1500	7
C2121	600	2100	2100	2
总计: 13				13

图 4-25

（2）创建图纸：在"视图"选项卡中，点击图纸→创建 A3 公制图纸→插入"F1"（一层平面图）→调整视图比例，尺寸标准不做要求，如图 4-26 所示。

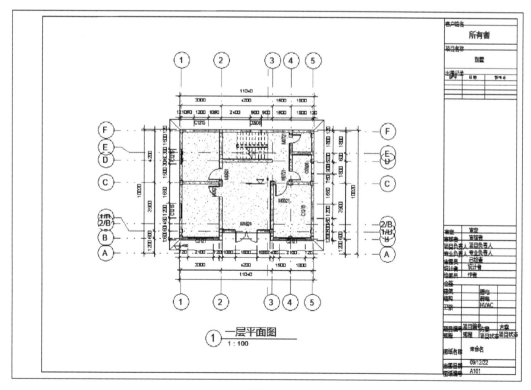

图 4-26

4.1.12 模型渲染

模型渲染

在三维视图状态下，在"视图"选项卡中单击"渲染"按钮，对建筑的三维模型进行渲染，质量设置为"中"，照明方案设置为"室外：日光和人造光"，背景样式设置为"天空：少云"，其他未标明选项不做设置，完成模型渲染，如图 4-27、图 4-28 所示。

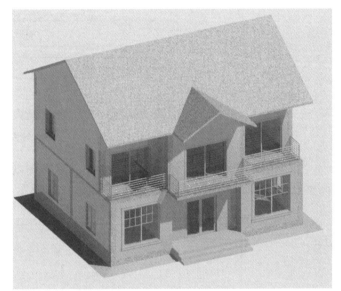

图 4-27   图 4-28

4.2　中型建筑实战案例（结构）

本节主要运用前面章节中所学的知识点来完成中型建筑（教学楼）的结构建模，是我们对前面所学知识点的一个综合应用。结构建模整个过程主要是柱、梁、板、基础等主要构件的绘制，同时增加了对应的难点，如基础的电梯坑的创建、轮廓处理等，会涉及参数化族和体量等知识。

4.2.1 项目概况

名称：8# 教学楼。
建筑地点：某职业技术学院。
总建筑面积：8782.02m²。
建筑层数：5 层。

高度：18.40m。

结构体系：框架结构。

建筑性质：教学楼。

4.2.2 项目成果展示

项目成果展示，如图 4-29 所示。

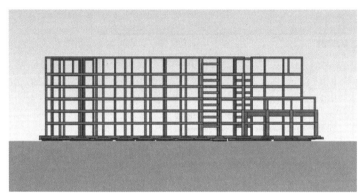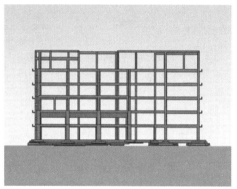
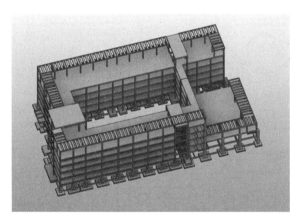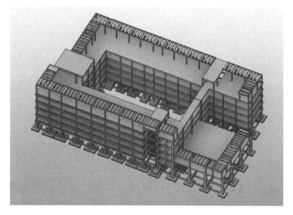

图 4-29

4.2.3 新建项目

本小节详细介绍结构 BIM 模型样板文件的选择、项目单位的设置。

1. 新建结构样板

本项目为结构模型，所以选择结构样板，如图 4-30 所示。

2. 项目单位的设置

选择"管理"→"设置"→"项目单位"，弹出"项目单位"对话框，如图 4-31 所示。项目单位按"BIM 模型规划标准"进行项目单位设置，当在视图的"属性"选项板中修改"规程"参数时，对应地会采用所设置的项目单位，如图 4-32 所示。

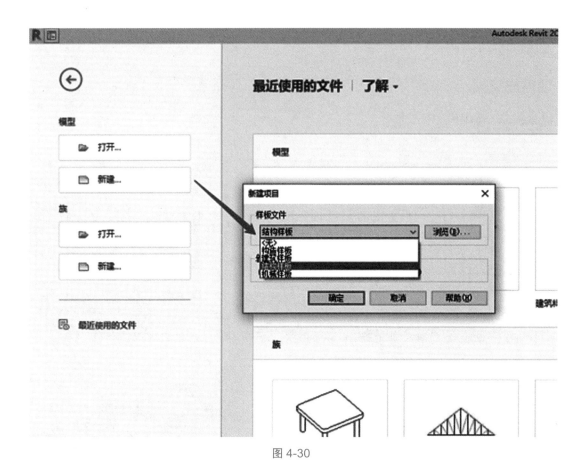

图 4-30

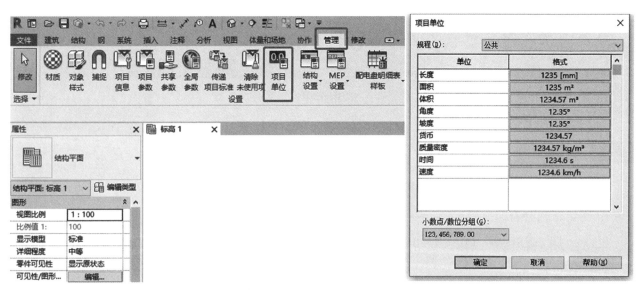

图 4-31

图 4-32

4.2.4 基本建模

1. 创建标高

新建工程创建标高

在项目浏览器中，双击立面"东"，打开东立面视图。选择"结构"→"基准"→"标高"。

在立面视图中，将默认样板中的标高 1、标高 2 修改为 F1、F2，其中 F1 的标高为"±0.000m"，单击标高符号中的高度值，可输入"0"。最终完成标高创建，如图 4-33 所示。

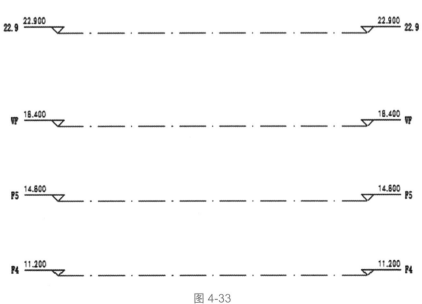

图 4-33

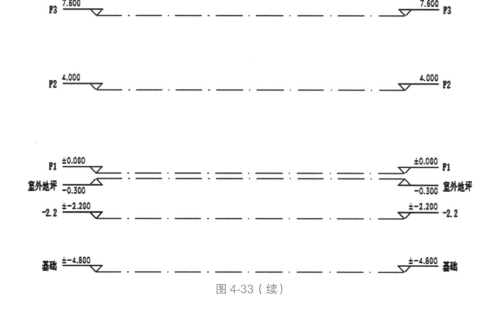

图 4-33（续）

2. 创建轴网

在项目浏览器中，双击结构平面"首层"，打开首层结构平面视图。选择"建筑"→"基准"→"轴网"，或者使用快捷键 GR 进行绘制。

在绘图区域内任意一点单击，垂直向上移动光标到合适距离再次单击，完成第一条垂直轴网的绘制。利用"复制""阵列"命令，复制出多条轴网，构成一个完整的轴网，如图 4-34 所示。

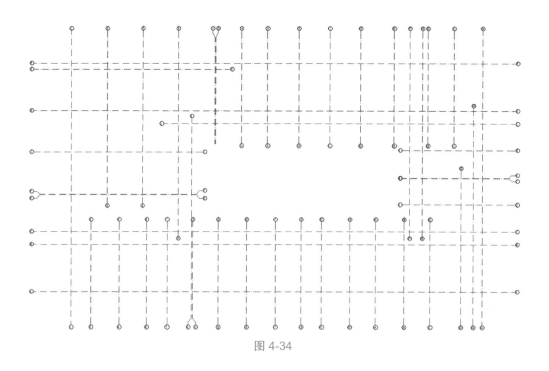

图 4-34

3. 项目基点

新建项目样板时，都需要对项目坐标位置、项目基点进行统一设置。后期在 Revit 中如果进行项目基点的移动或者坐标修改的话，整个项目的其他所有图元都会跟着移动，项目基点默认一般都是不显示的。

本工程要求：以 1 轴和 A 轴的交点及 F1 的标高作为本项目基点。回到 F1 结构平面层，选择"视图"→"图形"→"视图可见性/图形"，或者使用快捷键 VV 进行显示，在"场地"中选中"项目基点"复选框，将绘图区的项目基点显示出来，如图 4-35 所示。

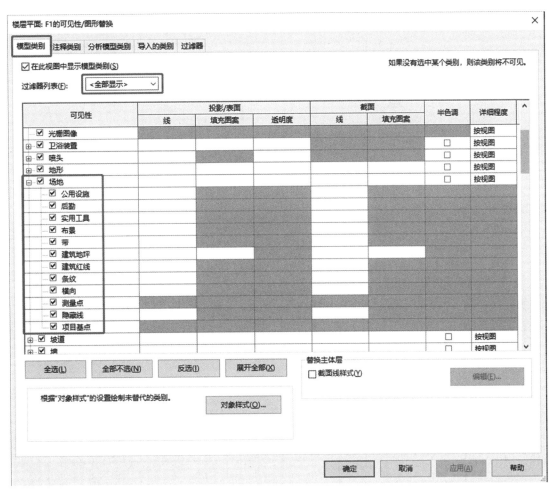

图 4-35

如图 4-36 所示，项目基点并没有在指定位置（1 轴和 A 轴的交点）上，对于此类问题，我们可以通过两种方法对它进行更改。

方法 1：框选所有的轴网，将整个轴网以 1 轴和 A 轴的交点为移动点，直接移动到项目基点上，如图 4-37 所示。

方法 2：移动项目基点到 1 轴和 A 轴的交点处。具体操作为：选中项目基点，单击左上角的"修改点的裁剪状态"按钮，出现红色的斜杠即为正确，如图 4-38 所示。通过"移动"命令或者修改坐标，将项目基点、测量点移动到 1 轴和 A 轴的交点处，如图 4-39 所示。移动完成后，重新单击左上角的"修改点的裁剪状态"按钮，变为原始状态，如图 4-40 所示。

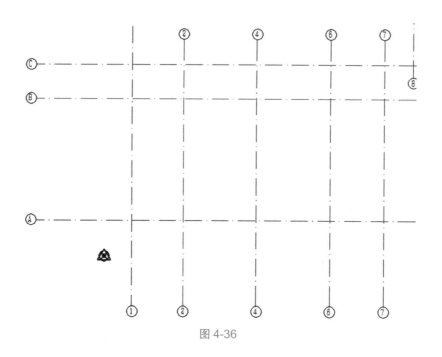

图 4-36

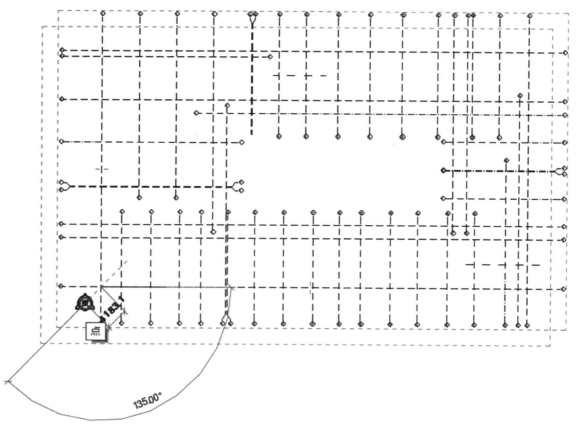

图 4-37

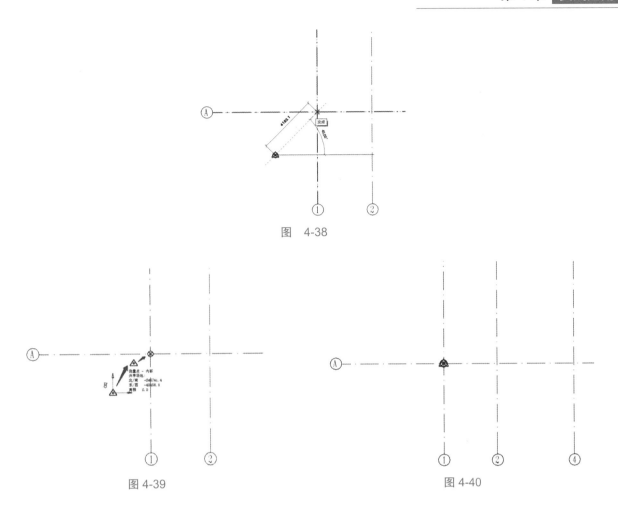

图 4-38

图 4-39   图 4-40

4.2.5 新建基础

1. 独立基础

在工程中，常用的独立基础形状普遍为长方形或多边形，阶数有一阶、二阶、三阶等。因此，对于独立基础的绘制，我们可以选用"族"来进行创建。

（1）选择"文件"→"新建"→"族"→"公制结构基础"，如图 4-41 所示。

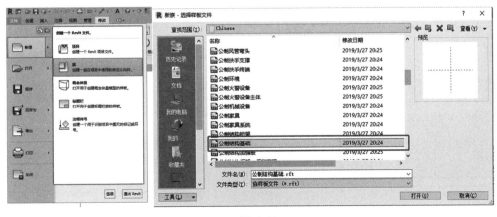

绘制独立
基础

图 4-41

（2）按独立基础尺寸表，绘制基础的基本轮廓，如图 4-42、图 4-43 所示。

基础编号	类型	b×h	A	a1	a2	a3	a4	B	b1	b2	b3	b4	C	H	Hj	Ho	h1	h2	h3	h4	①	②	③	Ld	L	④	⑤	⑥	⑦
ZJ-1	工	900×900	2600	850				2600	850					4000	500	4200	500									14φ14@200	14φ14@200		
ZJ-2	工	900×1100	4400	1000	650			3600	950	400				4000	800	4000	400	400								19φ16@200	23φ14@200		
ZJ-3	工	1100×1100	7700	1100	1250	750	400	4300	650	350	350	500		4000	1300	3500	350	350	300							29φ16@150	52φ16@150		
ZJ-4	工	900×1000	3500	800	450			3500	750	550				4000	600	4200	300									18φ14@200	18φ14@200		
ZJ-5	工	1100×1100	6400	1200	850	600		3600	650	300	300			4000	1000	3800	300	300								21φ16@180	33φ16@200		
ZJ-6	工	400×800	3200	800	400			2300	650	300				4000	600	4200	300									12φ14@200	17φ14@200		
ZJ-7	工	900×1000	3300	1050				3300	1200					4000	500	4300	500									17φ14@200	17φ14@200		
ZJ-8	工	900×900	4100	1100	500			4100	1000	600				4000	700	4100	400	300								21φ16@200	21φ16@200		
ZJ-9	工	500×600	3800	1000	300	300		5300	1250	750	400			4000	1300	3500	500	400	400							27φ18@200	20φ18@200		
ZJ-10	工	500×600	3500	1000	450			2900	900	360				4000	700	4100	400	300								15φ14@200	18φ14@200		
ZJ-11	工	400×400	1700	350	300			3400	950	550				4000	700	4100	400	300								18φ14@200	9φ14@200		
ZJ-12	工	500×700	3700	800	400	300		6100	1200	1050	550			4000	1200	3600	500	400	400							34φ18@180	21φ18@180		
ZJ-13	III		4100					6600						4000	1300	3500										37φ18@180	21φ18@200	37φ14@180	21φ18@200
ZJ-14	工	400×600	3600	1100	400			3600	1050	350				4000	700	4100	400	300								19φ14@200	19φ14@200		
ZJ-15	II		3000	1075				2600	3100					4000	500	4300	500									14φ14@200	16φ14@200		
ZJ-16	II		3500	800	300			3000	800	300				4000	600	4200	400	300								16φ14@200	18φ14@200		
ZJ-17	III		3800					6100						4000	1200	3600										34φ18@180	18φ18@200	34φ14@180	18φ18@200
ZJ-18	工	500×600	3700	950	300	300		4600	900	750	400			4000	1000	3800	400	300	300							24φ16@200	19φ16@200		
ZJ-19	II		3700					7700						4000	1300	3500										52φ18@150	25φ18@150	52φ14@150	16φ16@150
ZJ-20	III		2900					6000						4000	1000	3800										46φ16@150	16φ16@150	46φ14@150	16φ16@180
ZJ-21	III		4700					7000						4000	1100	3700										47φ18@150	32φ18@150	47φ14@150	32φ18@150
ZJ-22	工		8200	500	400	300	300	4800	500	400	300	300	300	4000	1400	3400	400	400	300	300						27φ18@150	69φ18@120		
ZJ-23	工	500×300	2300	400	400			5200	1400	950				4000	800	4000	400									27φ16@200	11φ18@200		
ZJ-24	工	400×400	1800	700				2300	950					4000	500	4300	500									12φ14@200	10φ14@200		
ZJ-25	工	500×600	3800	1050	550			3200	950	400				4000	900	3900	500	400								17φ16@200	20φ16@200		
ZJ-26	工	500×600	6200	1300	1100	400		2900	500	400	300			4000	1000	3700	400	400	300							17φ16@180	32φ16@200		
ZJ-27	III		6300	3600	550	300		5900	2225	550	300			4000	900	3600	400	300	300							33φ16@180	47φ16@150		
ZJ-28	工	500×600	3300	550	400	400		6600	1350	1250	450			4000	1200	3600	400	400	400							37φ16@180	23φ16@150		
ZJ-29	III		4100					6600						4000	1300	3500										37φ18@180	21φ18@200	37φ14@180	21φ18@200
ZJ-30	II		4300	650	300	300		6600	625	300	300			4000	1300	3500	500	400	400							37φ18@180	18φ18@200		
ZJ-31	II		3800	600	300	300		6100	650	300	300			4000	1200	3600	400	400	400							34φ18@180	18φ18@200		

图 4-42

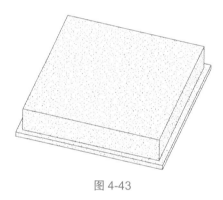

图 4-43

（3）绘制完成的基础可选择添加上对应的参数数值，使其成为参数化族，如图 4-44 所示。

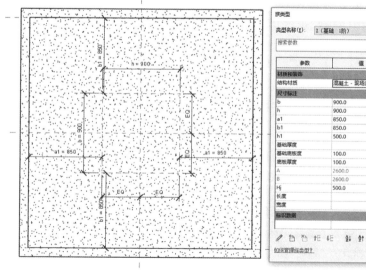

图 4-44

2. 基础梁

基础梁的绘制方法和"结构梁"相同，选择"结构"→"结构"→"梁"，系统默认的梁为"H 型梁：UB– 常规梁"；然而，由图纸可知，基础梁的截面形状为"矩形"。

对于此类构件，可以通过载入"结构"→"框架"→"混凝土"→"混凝土 – 矩形梁"的族完成创建，如图 4-45、图 4-46 所示。

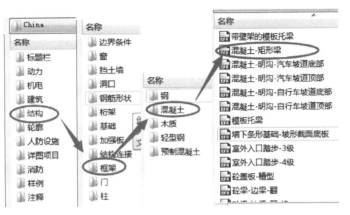

绘制基础梁

图 4-45

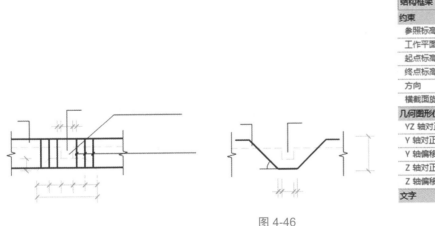

图 4-46

3. 电梯井

绘制电梯井

对于电梯井，其创建方法有两种。

方法 1：这种方法适合异形、常规矩形等各种形状电梯井的创建。该方法创建的电梯井由两部分组成：一是基础底板，二是电梯井族。创建基础底板时注意预留电梯井的位置，最终把创建完成的电梯井族载入项目即可。

方法 2：这种方法适合常规的矩形电梯井。该方法创建的电梯井由两部分组成：一是创建一个基础底板，二是在基础底板的周围创建墙体。用此种方法创建电梯井时，要注意其标高参数。

（1）新建基础底板命名为"电梯井底板"，按照 A—A 电梯井基础剖面大样图，设置好标高、板厚等参数，绘制电梯井底板，如图 4-47 所示。

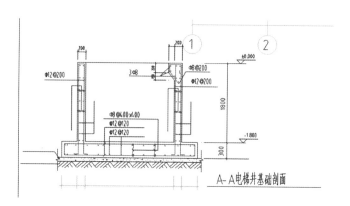

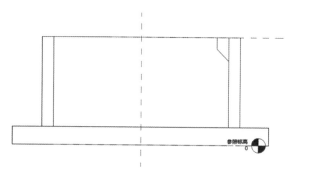

图 4-47

（2）新建墙体命名为"电梯井墙体"，设置其标高、墙厚等参数，并在图纸中画出。绘制完成的电梯井如图 4-48 所示。对于本项目，使用方法 2 绘制电梯井时，还需另外创建内建模型来完成异形边的绘制。

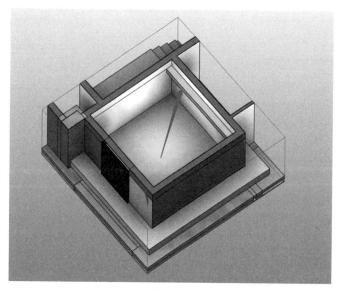

图 4-48

4.2.6 新建结构柱

新建结构柱

在 Revit 中，柱子区分建筑柱和结构柱，建筑柱主要起展示作用，不承重；结构柱是主要的承重构件，在满足结构需要的同时，其形状也多变。选择"结构"→"结构"→"柱"，选择新建柱构件。

在 Revit 中，系统默认的柱为" H 型钢柱：UC– 常规柱 – 柱"，我们可以通过载入结构柱的方式，选择合适的截面形状，载入柱族来新建柱构件，如图 4-49 所示。

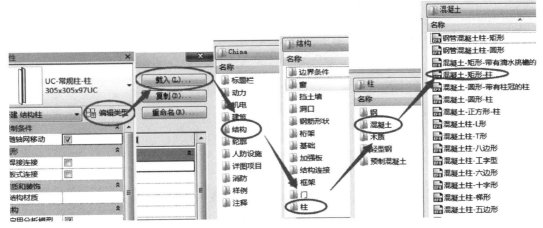

图 4-49

4.2.7 新建结构梁

梁、板

结构梁的新建，可以通过选择"结构"→"结构"→"梁"来完成。结构梁的新建方法可参照结构柱，通过载入结构梁的方式，选择合适的截面形状，载入梁族来新建梁构件，如图 4-50 所示。

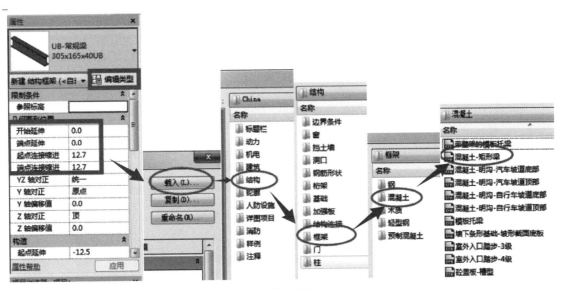

图 4-50

→ 小提示

除注明外，梁顶标高与板标高平齐，绘制梁时，将"开始延伸、断点延伸"的值调整为 0。

根据梁平法施工图，新建梁，按图纸位置放置，绘制完成的梁如图 4-51 所示。

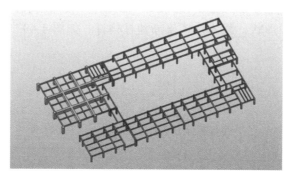

图 4-51

4.2.8 新建结构板

结构板作为主要的竖向受力构件，其作用是将竖向荷载传递给梁、柱、墙。在水平力作用下，结构板对结构的整体刚度、竖向构件和水平构件的受力都有一定的影响。直接按照图纸给出的标高在楼层标高中绘制，如有不同标高的，则分块绘制，如图 4-52 所示。

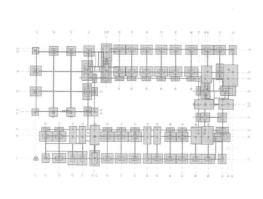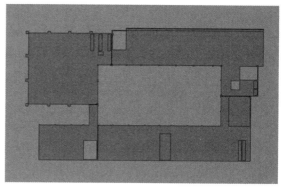

图 4-52

4.3 中型建筑实战案例（建筑）

在本节中，我们将学习中型建筑的建筑建模。根据前面章节中所学的知识点完成中型建筑的建筑建模，能让读者快速熟悉一个中型建筑的建模流程，提高建筑建模的水平。

4.3.1 项目概况

项目名称：8# 教学楼。

建筑地点：某职业技术学院。

总建筑面积：8782.02m²。

建筑层数：5 层。

建筑高度：18.40m。

结构体系：框架结构。

建筑性质：教学楼。

4.3.2 项目成果展示

本项目成果展示如图 4-53 所示。

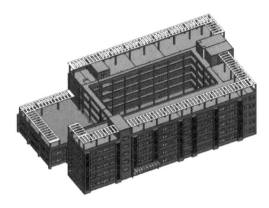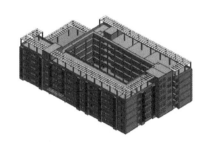

图 4-53

4.3.3 项目建模的步骤与方法

1. 审图

熟悉图纸才能知道你所要建的模型的外表的构造模样，对图纸中不熟悉的内容应询问设计院，然后根据分层图纸去建模。

2. 创建样板文件，绘制标高与轴网，确定项目基点

（1）打开 Revit，在主界面上选择"新建"，在弹出的"新建项目"的对话框中选择"建筑样板"，单击"确定"按钮，如图 4-54 所示，进入主界面。

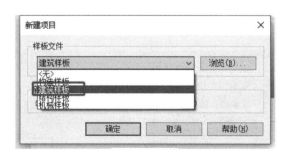

图 4-54

（2）根据图纸的立面图纸标高创建标高，如图 4-55 所示。

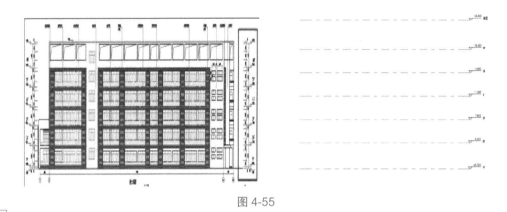

图 4-55

一层墙体的
绘制

（3）回到 1 层建立轴网，设定基点。

3. 一层墙体的绘制

（1）导入一层的图纸。选择"插入"→"导入"→"导入 CAD"，插入 CAD 图，选择相应位置的图纸，调整导入单位为毫米，如图 4-56 所示。

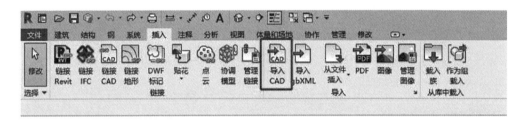

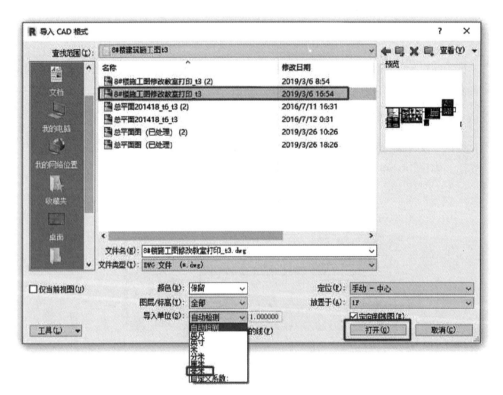

图 4-56

导入完成后，需要将 CAD 底图移动到相对应的位置，对齐轴网，如图 4-57 所示。

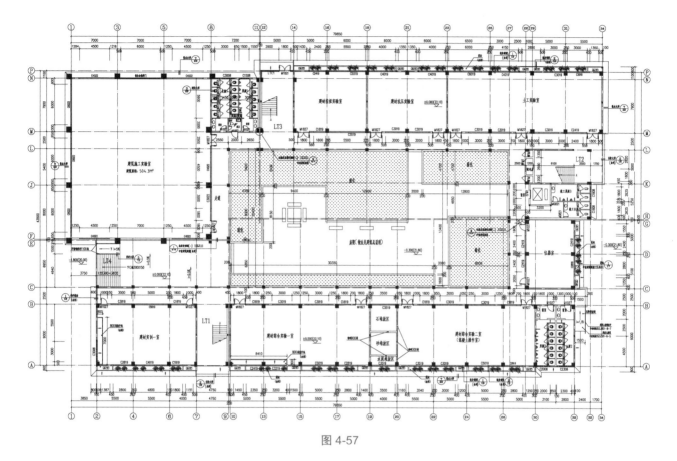

图 4-57

（2）按图纸要求，对墙体命名并设定其材质，对轴网相应位置绘制墙体，如图 4-58 所示。

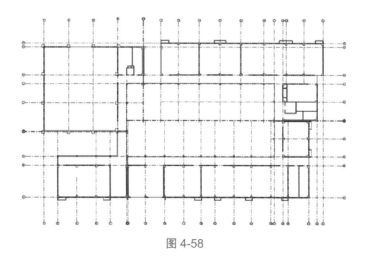

图 4-58

4. 一层门窗族的创建及插入

（1）按照门窗明细表创建门窗族，如图 4-59 所示。

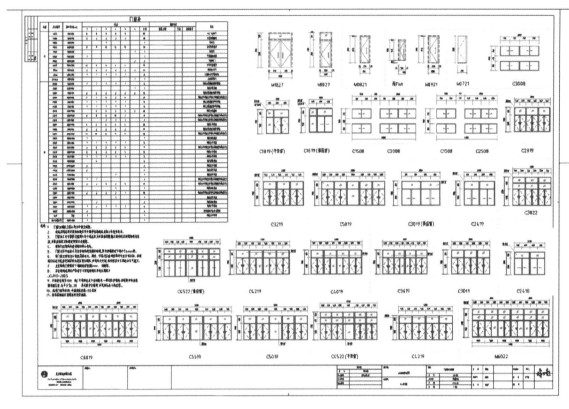

图 4-59

（2）根据图纸的位置，对门窗进行命名，根据图纸中门窗的位置，插入门窗，调整窗的底高度，如图 4-60、图 4-61 所示。

图 4-60

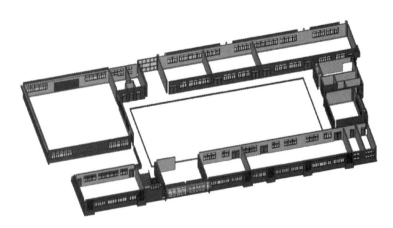

图 4-61

5. 一层楼板的创建

选择"建筑"→"构建"→"楼板"→"楼板：建筑"，根据导入的图纸的楼板轮廓去创建楼板，其绘制方法可参照前面章节，如图 4-62 所示。

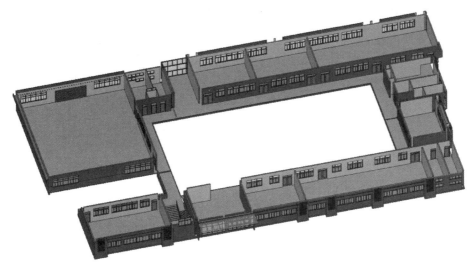

图 4-62

6. 散水的绘制

散水可以用楼板、内置体量、坡道等方法创建。在本节中，主要介绍运用绘制楼板的方法来绘制散水。先根据图纸给的轮廓，用画楼板的方式画出来，点击要修改成散水的楼板，在"修改 | 楼板"上下文选项卡中单击"修改子图元"按钮，然后调整子图元高度就行，如图 4-63、图 4-64 所示。

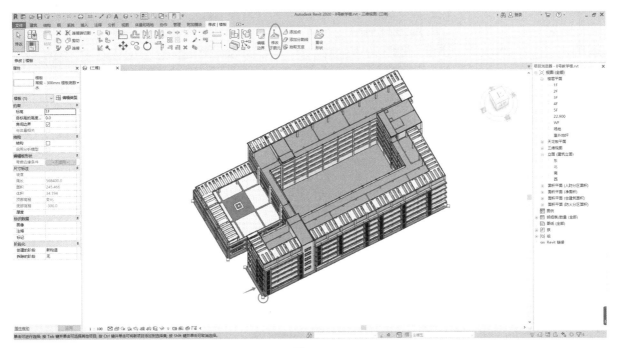

图 4-63

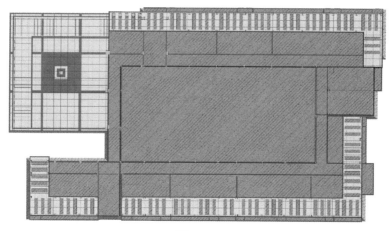

图 4-64

7. 二层墙体的绘制

（1）导入二层的图纸，如图 4-65 所示。
（2）根据图纸相应位置绘制墙体，如图 4-66 所示。

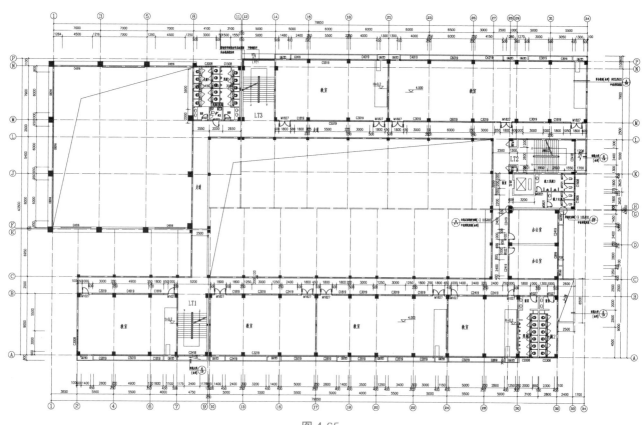

图 4-65

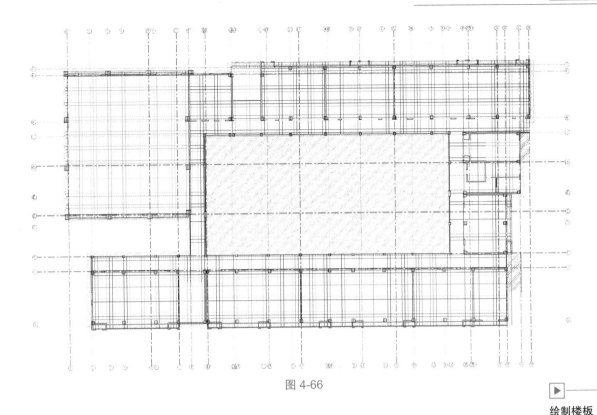

图 4-66

8. 楼板的绘制

根据图纸给的楼板轮廓，绘制楼板、楼梯、管道排水、通风电梯需要的预留洞口，防止与其他构件有冲突，如图 4-67 所示。

绘制楼板门窗

9. 门窗的插入

根据图纸中门窗的位置，插入门窗，如图 4-68 所示。

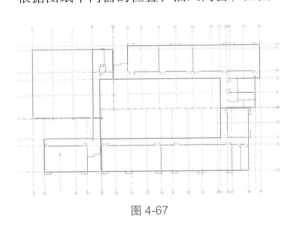

图 4-67

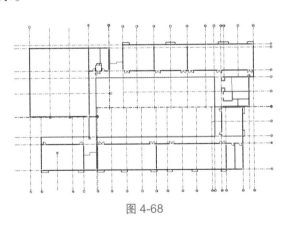

图 4-68

10. 楼梯的绘制

根据图纸提供的大样图，按要求去创建楼梯，整理好楼梯扶手，将多余的楼梯删除，如图 4-69 所示。

楼梯

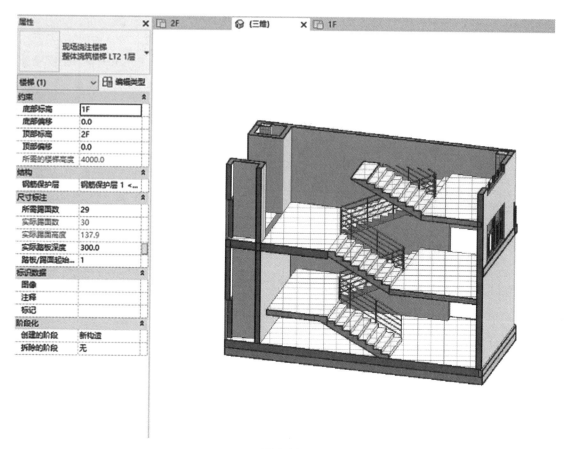

图 4-69

11. 扶手的创建

根据图纸立面图，可知阳台扶手的高度、间距等参数信息。调整底高度，按照图纸中扶手的相应位置绘制扶手路径，如图 4-70 所示。

栏杆扶手

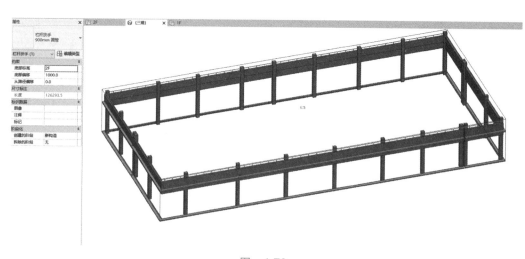

图　4-70

12. 其他层模型的创建

其他层模型
的创建

观察图纸，二至五层的图元有很多类似的地方，对于此类楼层，可以将下层图元复制上去，再针对图纸修改与首层图元不一致的构件即可。

框选第二层的全部构件，选择"修改"→"剪贴板"→"复制到剪贴板"，复制完成后选择"剪贴板"→"粘贴"→"与选定的标高对齐"，将其复制到其他标准层，如图 4-71、图 4-72 所示。

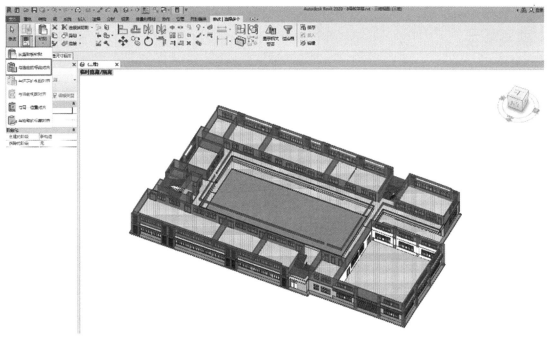

图 4-71

13. 屋顶层墙体的绘制及门窗的插入

根据屋顶图纸，先绘制墙体并插入门窗，然后根据图纸中顶板的位置对顶板进行绘制即可，如图 4-73 所示。

图 4-72

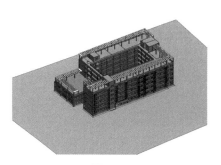

图 4-73

4.4 大型综合体实战案例（结构）

该大型综合体项目是地方重点项目，其按照国家一级博物馆的标准建设，功能室划分为六个区域，包括陈列展示区、观众服务区、文物库房区、办公室、公共区、地下室等。项目涉及内容多样，构件复杂，同时需要满足实际工程的需求，要求根据现场不断更新调整模型文件。在本节中，将对复杂地下室构件的绘制进行详细讲解，其内容涵盖基础、人防、车道、异形构件（柱、梁、板）、协同共享等。

4.4.1 项目概况

项目设置

1. 项目基本情况

名称：某区图书馆、综合档案馆、规划展览馆建设项目 EPC 工程。

总用地面积：27404.73m²。

总建筑面积：36192.74m²。

建筑层数：设 1 层地下室（车库），地上布置三馆一体建筑，最高地上五层。

结构高度：图书馆为 22.95m，档案馆为 18.45m，展览馆为 22.95m。

结构体系：框架结构。

建筑性质：大型综合体项目。

2.BIM 实施导则

熟悉"BIM 实施导则"要求（见附录 1），对基点、方位、标高、定位、BIM 模型文件格式、主要系统模型属性原则、模型文件命名规定、软件标准等进行设定，其做法参照前面章节。

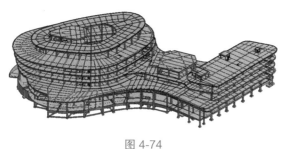

图 4-74

3. 大型综合体更新项目构件规格必要项

熟悉"构件规格要求"（见附录 2），对建筑的材质、尺寸等参数进行设置。对结构的构件类型、材质、混凝土强度等级、类型、规格尺寸等进行设置，设置方法参照前面章节。

4. 项目成果展示

本项目成果展示如图 4-74 所示。

4.4.2 项目流程

整个建模过程可分为新建项目、基本建模内容、基本建模应用三大板块。其中新建项目主要是新建项目样板和项目，包括项目的单位、标注、位置等基本参数的设置及样板版本的统一；基本建模内容主要是对项目中的构件依次建模；基本建模应用则是通过对建立的模型进行"碰撞"，找出并调整有"碰撞"的构件，与其他专业协同工作，导出明细表，进行渲染和漫游，最后输出成果。

4.4.3 新建项目

本小节主要介绍结构 BIM 模型样板文件的选择、项目单位的设置。

1.图纸会审

新建工程前，需要对项目图纸进行会审，对图纸构成、模型规划标准、构件规格必要项等有充分的认识和了解，同时具备检查发现图纸问题的能力。当发现图纸问题时，需要及时与设计单位进行交接，以便后续工作开展。

在本工程中，我们主要讲解结构专业部分，分为 CAD 图和 PDF 图纸，如图 4-75 所示。

图 4-75

结构图纸中，其内容包括设计说明、配筋图、模板图、大样图等，涉及基础、底板、吊料口、坡道、楼梯、混凝土墙（人防墙）、柱、梁、板等构件。

2.新建结构样板

本项目为结构模型，所以新建时选择结构样板。

3.项目单位的设置

在"项目单位"设置对话框中按"BIM 模型规划标准"进行项目单位设置，如图 4-76 所示。当在视图"属性"选项板中修改"规程"参数时，对应地会采用所设置的项目单位，如图 4-77 所示。

图 4-76

图 4-77

4.4.4 基本建模

1. 创建标高

标高用来定义楼层层高及生成平面视图，反映建筑物构件在竖向的定位情况。在 Revit 中，开始建模前，应先对项目的层高和标高信息做出整体规划。标高不是必须作为楼层层高，此外，标高符号样式也可定制修改。

在 Revit 中，"标高"命令必须在立面视图和剖面视图中才能使用，因此在正式开始项目设计前，必须事先打开立面视图，如东立面。

在修改默认样板中的标高时，要清楚"BIM 模型规划标准"中对标高的命名方式，如图 4-78 所示。

创建标高

标高命名与楼层编码对应：
例：**1F**: 首层标高
　　5F: 五层标高
　　B1: 地下一层标高

图 4-78

2. 创建轴网

在绘图区域创建结构轴网，如图 4-79 所示。其轴网参数的设置、创建均参照前面章节。

创建轴网

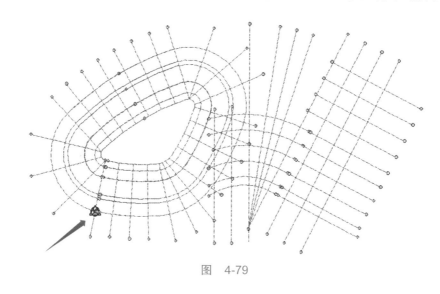

图　4-79

项目基点

3. 项目基点

新建项目样板时，需要对项目坐标位置、项目基点进行统一设置。本工程要求：以 1-1 轴线和 1-A 轴线交点及首层标高（F01）作为本项目基点，如图 4-80 所示。同时在创建图元时，需要将项目基点、高程点等显示出来。

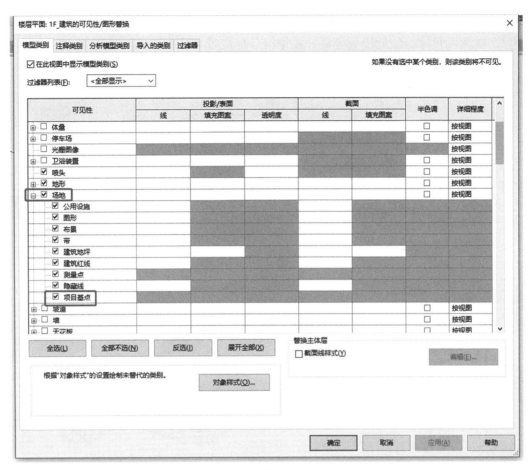

图 4-80

4. 新建基础

本工程基础部分涉及的内容有筏板基础、独立基础、楼板边缘、集水井等，如 4-81 所示。

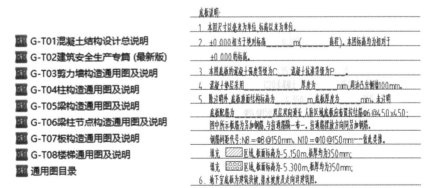

图 4-81

新建基础

基础底板

（1）筏板基础。

筏板基础的绘制方法和"基础底板"相同，可通过选择"结构"→"基础"→"板"→"基础底板"来建立基础底板模型，对基础底板进行参数设置并绘制轮廓。熟悉 CAD 图，清楚基础底板的厚度、混凝土等级、保护层厚度、标高等参数。

① 增加辅助标高 "–5.300"，如图 4-82 所示。

② 参照 CAD 底图尺寸，绘制筏板轮廓，注意区分后浇带与底板，如图 4-83 所示。

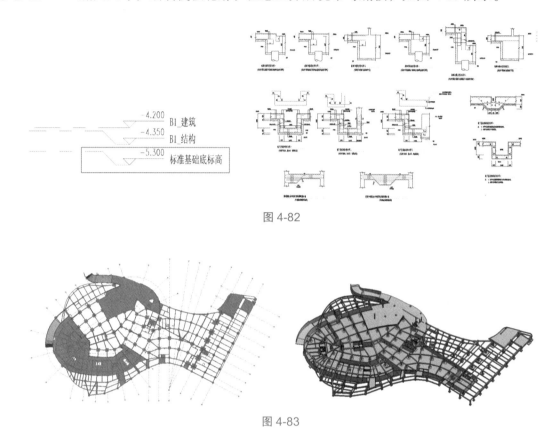

图 4-82

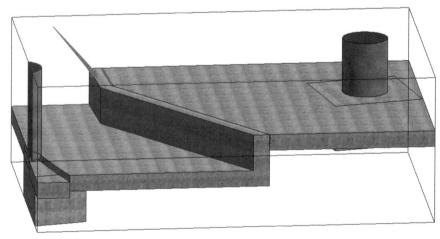

图 4-83

（2）楼板边缘。

在基础底板的绘制过程中，由于图书馆、综合档案室、规划展览馆的基础底板存在差异，因此可以将其分为两部分绘制，一部分采用普通基础底板绘制，另一部分参照图纸在底板边缘添加结构墙或其他结构模块补充板高低差间的空隙，如图 4-84 所示。

楼板边缘

图 4-84

① 绘制矩形的底板，如图 4-85 所示。
② 添加结构墙，如图 4-86 所示。

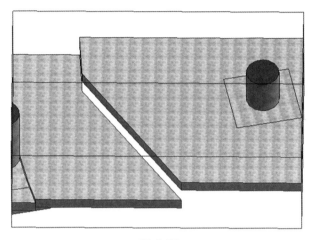

图 4-85

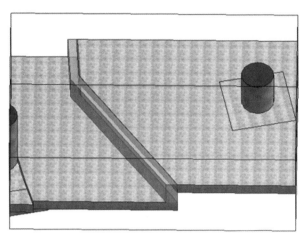

图 4-86

（3）独立基础。

熟悉 CAD 图纸，选择"结构"→"基础"→"独立基础"，对独立基础参数进行设置，如图 4-87、图 4-88 所示。

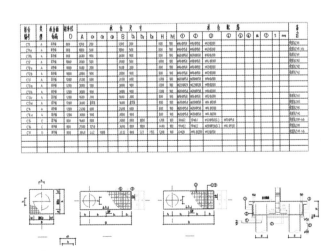

图 4-87

图 4-88

⊙ *小提示*

独立基础与筏板基础重叠的位置，要预留出独立基础的位置。

（4）集水坑。

对于楼板上的集水坑，需要对其新建族，再载入项目中，同时基础底板需要对其预留的位置，如图 4-89 所示。

集水坑

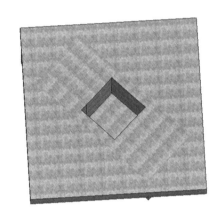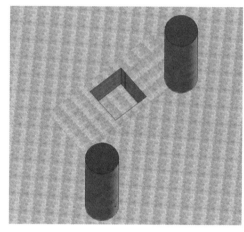

图 4-89

结构柱的
创建

5.结构柱的创建

（1）熟悉结构柱图纸。

本工程中，结构柱类型多、标高变化大、位置多变，需要我们对柱的各类参数有详细的了解，才能选择合适的柱类型，对其进行绘制。同时，在进行结构柱参数设置时，要注意区分地下室结构柱和地上结构柱，地下结构柱又分为图书馆结构柱、档案馆结构柱。图 4-90 和图 4-91 分别为图书馆负一层柱定位图和档案馆负一层柱定位图。

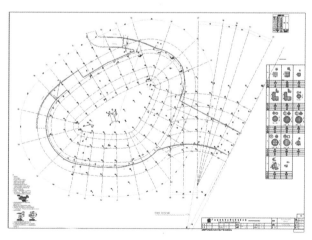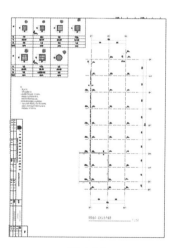

图 4-90   图 4-91

（2）柱命名及参数定义。

本工程柱族应按照"BIM 实施导则"中 BIM 模型规划标准的要求命名，如图 4-92 所示。

柱	F01_S_混凝土结构柱	按专业命名(编号)

图 4-92

点击选择的结构柱，打开其"类型属性"对话框，载入柱族，如图 4-93 所示，其柱族名称按楼层、形状等以"F01_S_混凝土结构柱"命名。

L 形柱

右击复制"混凝土 – 矩形 – 柱"族，新建柱命名为"F01_S_混凝土结构柱"。选择L 形、T 形混凝土柱，用同样的方法创建"F01_S_混凝土结构柱 _L 形""F01_S_混凝土结构柱 _T 形""F01_S_混凝土圆形结构柱"，如图 4-94 所示。

载入柱族后，复制柱名称，参照图纸尺寸新建柱，并命名为"KZ1_600*600""KZ1_1000"等（注意柱的标高），并在"属性"选项板中修改"结构材质"为"混凝体 – 现场浇筑混凝土 –C40"，取消选中"启用分析模型"复选框，如图 4-95 ～图 4-97 所示。

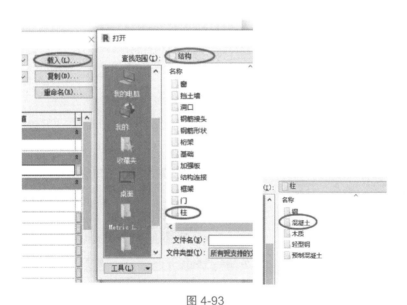

图 4-93

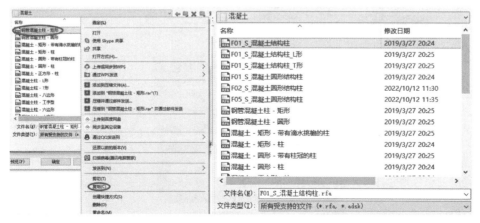

图 4-94

说明：

1. 混凝土强度等级：
   柱混凝土强度等级为C40；

2. 图中未注明者，轴线即为相应墙、柱之中线或边线。
   墙柱变截面时，以上述定位关系为准进行平收。
   图中墙柱定位尺寸均以柱中线或边线来定位。

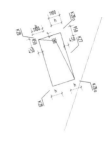

图 4-95

结构模层标高、层高表		
屋架层	讨平面	...
屋面	22.950	4500
5	18.450	4500
4	13.950	4500
3	9.450	4500
2	4.950	4500
1	-0.050	5000
-1	-4.350	4300
层 号	结构标高Ht (m)	层高 (mm)
		墙柱 梁、板
		混凝土强度等级

（C40 对应墙柱，C30 对应梁、板）

图 4-96

图 4-97

（3）载入 CAD 底图。

为方便绘制构件，可以先载入 CAD 图，作为参照底图。在"插入"面板导入需要的图纸。导入图纸时，注意修改"导入单位"和"定向视图"，导入图纸后，对齐 CAD 底图与轴网。

小提示

为了不影响 Revit 的使用，在载入 CAD 图时，对于一张图纸中有多幅图或者图层较多的图纸，可以先在 CAD 中炸开，提取需要的部分，并将其另外保存，再载入 Revit 中。

（4）放置结构柱。

① 布置垂直柱：选择"结构"→"柱"→"修改 | 放置 结构柱"→"放置"→"垂直柱"，在轴网的交点处布置，如图 4-98 所示。

图 4-98

小提示

快速访问栏中，"深度"表示本层标高向下布置，"高度"表示自标高向上布置，数值不能为 0 或者负数。

② 布置斜柱：选择"结构"→"柱"→"修改 | 放置 结构柱"→"放置"→"斜柱"，在绘图区域布置，如图 4-99 所示。

图 4-99

如图 4-100 所示，斜柱有两个标高，即顶标高与底标高，这两个标高的中心点不在同一条中心上；布置时，需要输入斜柱的起点（第一次单击）与终点（第二次单击），两个位置点不能重合，可以借助参照平面来完成的点位置的确定。"三维捕捉"表示在三维视图中捕捉斜柱的起止点。

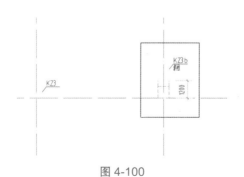

图 4-100

a. 利用 CAD 底图，捕捉柱的中心点，绘制底部、顶部参照平面，如图 4-101 所示。

b. 确定起点（第一次单击）和终点（第二次单击），绘制完成后，可在上一层标高或者三维视图中，看到绘制的图元，若图元绘制的位置不符合图纸要求，则再进行调整，如图 4-102 ～图 4-104 所示。

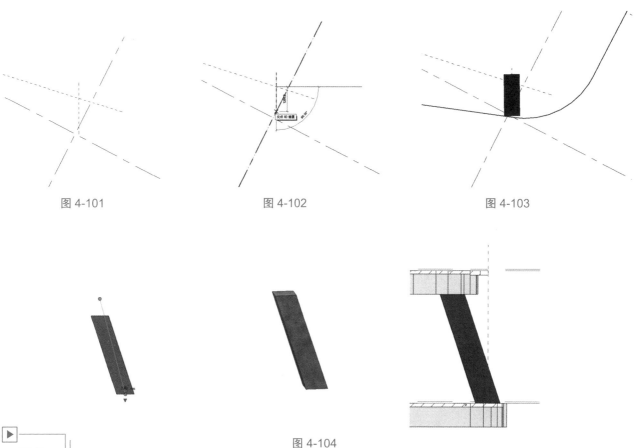

| 图 4-101 | 图 4-102 | 图 4-103 |

图 4-104

异形柱的
创建

（5）异形柱的创建。

对于异形柱，可以新建一个公制结构柱族。

① 选择"文件"→"新建"→"族"→"公制结构柱"→"打开"，创建公制结构柱族，如图 4-105 所示。

图 4-105

② 选择"创建"→"形状"→"拉伸",根据图纸信息创建异形柱轮廓,并赋予参数化标高,如图 4-106 所示。

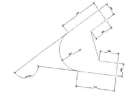

图 4-106

③ 另存为"族",然后单击"载入到项目"按钮,再对其进行重命名(重命名为"YBZ1"),如图 4-107 所示。

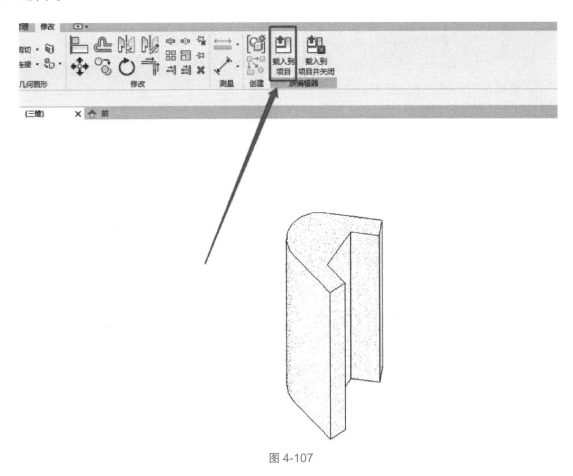

图 4-107

🔧 **小提示**

保存时,可直接对族进行命名。载入项目中后,柱族需要在项目浏览器中才能看到,如图 4-108 所示。

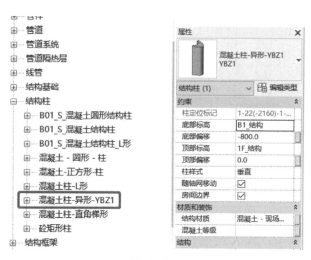

图 4-108

6. 结构墙体的创建

结构墙体的
创建

选择"结构"→"结构"→"墙"→"墙：结构"。编辑基本墙类型属性，新建墙体，墙体位置的确定参照图纸。

（1）基本墙。

选择结构墙绘制，根据图纸定义墙体厚度、材质、标高等参数，并在绘图区域绘制。

（2）人防墙。

对于地下一层人防墙，需要对墙身进行开洞。开洞方法有直接绘制洞口、墙体"编辑轮廓"、内置洞口法、空心拉伸法、空心窗法，如图 4-109、图 4-110 所示。

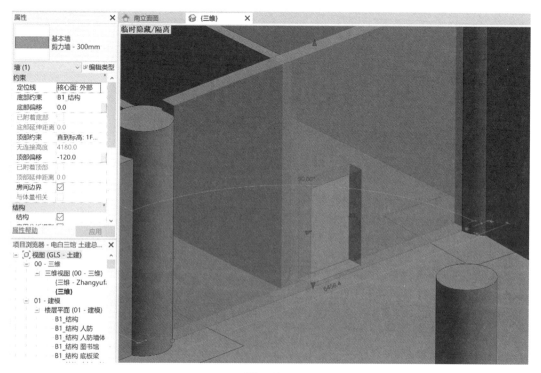

图 4-109

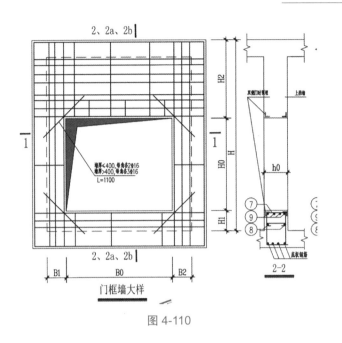

图 4-110

（3）异形墙体。

地下一层外墙大部分是弧形墙体，对此在墙体绘制时，可选择"拾取线"方式根据导入模型里的底图拾取绘制，或选择弧形绘制的线进行绘制，如图 4-111 所示。

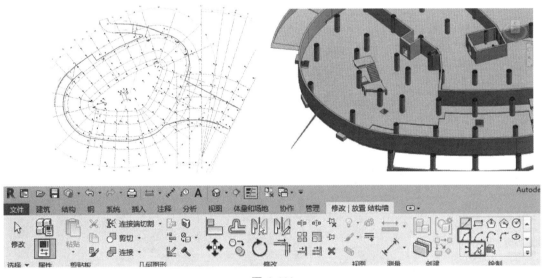

图 4-111

小提示

墙体与其他构件连接时要考虑结构类型、设计原则和构件受力状态，同时要考虑构件连接对模型分析结构的影响。常见的与墙体连接的构件有柱、梁、板。对于框架结构中的柱、梁而言，墙体主要起分割和维护作用，所以墙体与柱、梁的连接规则是"柱断墙，梁断墙"。对于框架结构中的板而言，剪力墙要承受水平和竖向的荷载，其重要性大于板，所以墙体与板的连接规则是"墙断板"。

当墙体连续绘制的时候，可能存在与其他构件的连接规则不符合上面的要求的情况，如出现相连或者重叠现象，则可以通过两种方法修改，即通过选择"取消连接几何图形"选项和选择"切换连接顺序"选项来修改构件的连接规则，如图 4-112 所示。

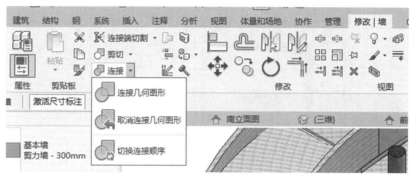

图 4-112

以墙体与柱相连为例，连续布置的墙体与柱重叠，进入"修改｜结构柱"上下文选项卡。

① 选择"取消连接几何图形"选项，单击墙体，则与墙体相连的所有构件会自动断开墙体对构件的剪切，如图 4-113 所示。

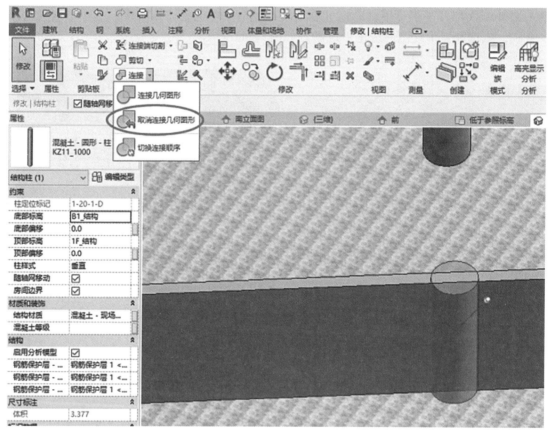

图 4-113

② 选择"切换连接顺序"选项时，先单击柱，再单击墙体，便可以更改墙体与柱的连接规则，实现"柱断墙"。

7. 结构梁的创建

通常梁顶标高与板顶标高平齐，当相邻板顶存在高差时，梁顶标高与较高板顶标高相同。

结构梁的
创建

（1）矩形梁。

设置其参数、标高，直接创建即可，如图 4-114。

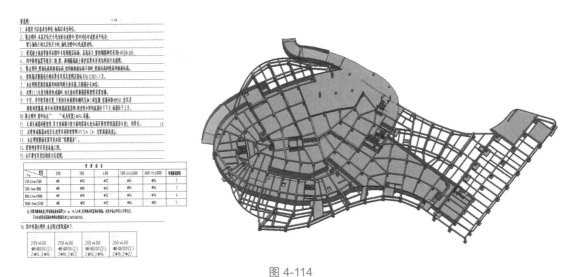

图 4-114

（2）变截面梁。

变截面梁的起点和终点不在同一高度，其与标准梁不同的是多了一个截面高度，需要创建一个新的梁族，并添加"截面高度2"，绘制完成后载入项目中，如图 4-115 所示。

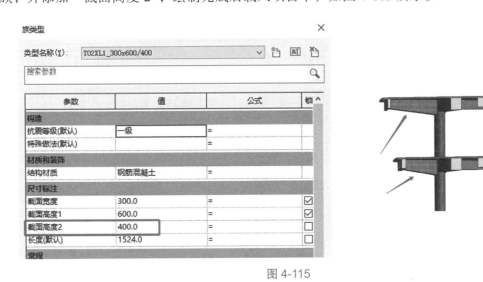

图 4-115

（3）斜梁。

斜梁的起点和终点不在同一平面上，在绘制时，需要在"类型属性"中修改其起点和终点标高，如图 4-116 所示。

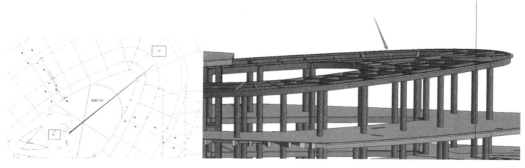

图 4-116

（4）弧形梁。

根据建筑物的造型设计，结构也会围绕的建筑去做一些非常规平直的梁，对此在进行结构梁绘制时，可选择"拾取线"方式根据导入模型里的底图拾取绘制，或选择弧形绘制的线进行绘制，如图 4-117 所示。

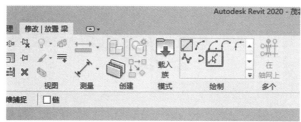

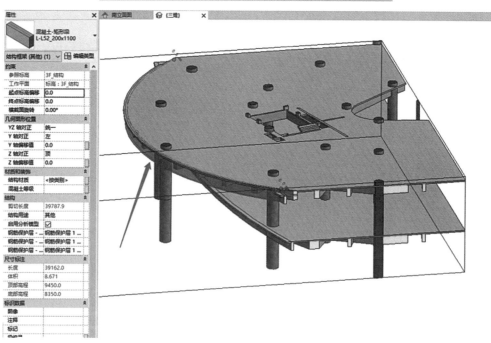

图 4-117

🔊 小提示

结构梁在与其他构件图元连接时，要注意剪切问题。当柱与梁连接时，结构抗震设计理念为"强柱弱梁"，而柱截面刚度通常远远大于梁截面刚度，所以，柱与梁的连接规则应为"柱断梁"。当梁与板连接时，梁的高度对梁的刚度与抗弯能力影响显著，所以，梁与板的连接规则应是"梁断板"。

 小提示

结构柱与结构梁连接时，看上去好像没有连接，而实际上已经相交了，如图 4-118 所示。对于梁与柱之间出现的空隙，有以下两种解决方法。

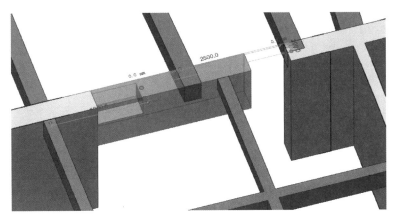

图 4-118

方法 1：进入与梁相连的柱族建模环境中，将"属性"选项板中的"用于模型行为的材质"修改为"混凝土"，修改完后，再载入项目中，覆盖原来的版本及参数，如图 4-119 所示。

方法 2：选中需要修改的图元，在图元两端出现的圆点上右击，在弹出的快捷菜单中选择"不允许连接（J）"选项，然后再拖动圆点到合适的位置即可，如图 4-120 所示。

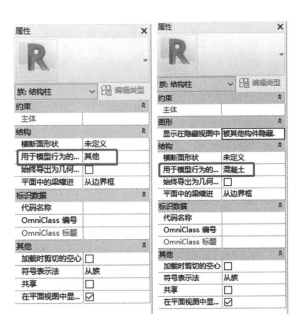

图 4-119

图 4-120

8.结构板的创建

楼板作为主要的竖向受力构件，其作用是将竖向荷载传递给梁、柱、墙。在水平力作用下，楼板对结构的整体刚度、竖向构件和水平构件的受力都有一定的影响。本工程对于板的建模主要由结构模板图、板配筋图构成。

（1）平板。

直接按照图纸给出的标高按楼层标高绘制，如图 4-121 所示。

结构板的
创建

结构楼层标高、层高表				
层架层	背平面	...		
屋面	22.950	4500		
5	18.450	4500		
4	13.950	4500	C40	C30
3	9.450	4500		
2	4.950	4500		
1	-0.050	5000		
-1	-4.350	4300		
层号	结构标高Ht (m)	层高 (mm)	墙柱	梁、板
			混凝土强度等级	

图 4-121

（2）降板。

在地下室负一层中，楼板多为降板，对此，可按照平板的绘制方法，在楼板属性中对标高输入降低值，如图 4-122 所示。

填充"▨"区域，板厚180,板面标高为(Ht-0.150)，

填充"▨"区域,板厚180,板面标高为(-Ht-0.650)，

填充"▨"区域,为设备预留后浇板范围,特设备吊装完

成后,按结构平面图要求施工梁板。

填充"▨"区域,为人防区域,梁板配筋详人防结构图。

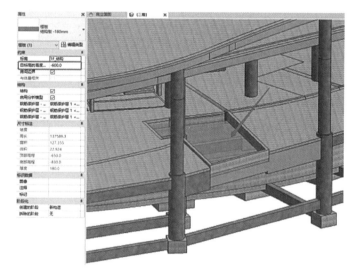

图 4-122

（3）斜板。

根据常规方法绘制完楼板后，可以选择"修改 | 楼板"→"修改子图元"，通过编辑楼板边缘的子图元标高，达到绘制斜板的目的，如图 4-123、图 4-124 所示。

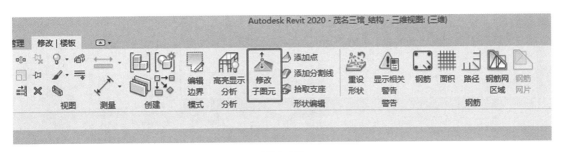

图 4-123

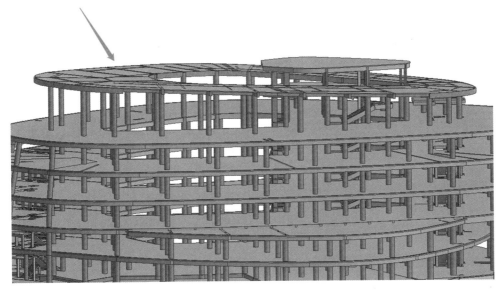

图 4-124

（4）后浇带。

由图纸可知，沉降后浇带宽度为 800mm，其厚度同板厚，后浇带在新建材质时需要区分于楼板，如图 4-125 所示。

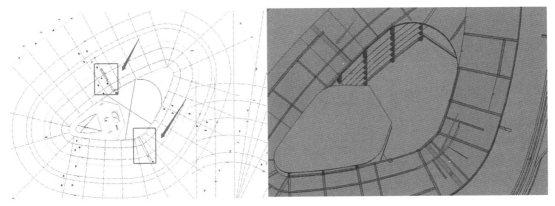

图 4-125

（5）车（坡）道。

本工程地下一层中，共有 2 个车道。常规的车道可利用"坡道""楼板""屋顶"等方式绘制。本项目中主要采用"楼板"的绘制方法，楼板绘制完成后，通过"修改子图元"的方法来达到放坡的目的，其绘制步骤可参照斜板，如图 4-126 所示。

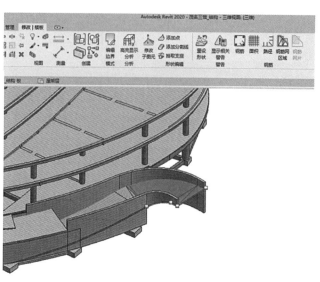

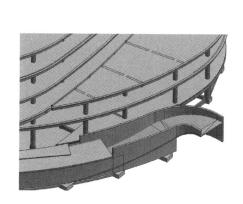

图 4-126

（6）楼板开洞。

在楼板中需要对楼梯井、坡道口、集水井、电梯井、吊料口等其他洞口进行开洞，具体做法参照第 2 章相关内容，如图 4-127 所示。

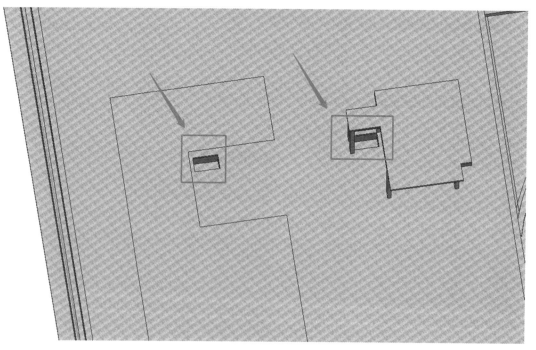

图 4-127

（7）集水井。

在本工程中，基础部分的集水坑是矩形的，所以只需要按照图纸给出的参数创建一个集水井族即可。选择"新建族"→"公制常规模型"，绘制集水坑轮廓，并保存命名为"集水坑"，完成后载入项目中，如图 4-128 所示。

 小提示

创建的基础底板时，为避免工程量重复计算，需要预留集水井的位置。

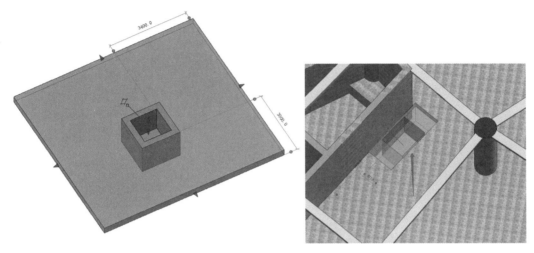

图 4-128

（8）排水沟。

对于深度较小的排水沟，可以先对楼板进行开洞，再对其添加降板。对于深度较大的排水沟，可以利用集水井的方法建立新族，如图 4-129 所示。

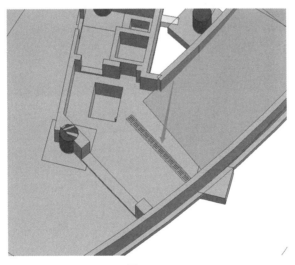

图 4-129

 小提示

（1）楼板与墙连接时，可以连接到墙中心线、外边缘线、内边缘线。
（2）楼板与梁连接时，梁与板重叠的部分会自动被剪切掉，以避免工程量的重复计算。

（3）其他构件与楼板连接时，若要避免被剪切的问题，可以选择"修改"→"几何图形"→"取消连接几何图形"。

9. 楼梯

楼梯

本工程中，楼梯的绘制主要分为两部分：结构模型中绘制梯柱及梯梁，建筑模型中绘制梯段及梯板。在绘制的过程中，要注意梯柱、梯梁及梯段的吻合，避免出现错位的现象，如图 4-130 所示。

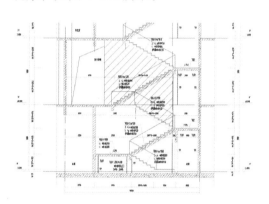
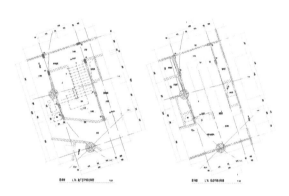

图 4-130

4.4.5 基本建模应用

1. 检测问题

模型在绘制过程中，由于图纸错误、构件数量过多、绘制方法不同、绘制不留心等原因，模型可能存在各种各样的问题。因此，我们需要对模型进行简单的检查，在 Revit 中，软件自带检查功能，通过"显示相关警告"和"碰撞检查"工具都可对其进行简单的检查。

（1）显示相关警告。

框选所需检查的（或所有的）构件图元，选择"修改"→"警告"→"显示相关警告"，在弹出的对话框中将显示模型中出现的问题，可以在项目中对出现的问题进行修改，如图 4-131 所示。也可将发现的问题导出，若需更深入地检查模型问题，还需与 Navisworks 配合使用。

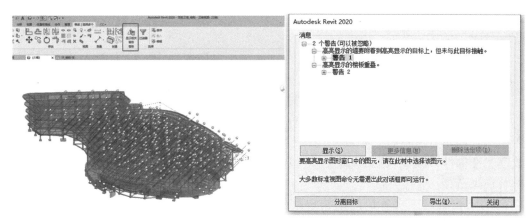

图 4-131

（2）碰撞检查。

选择"协作"→"坐标"→"碰撞检查"→"运行碰撞检查"，选中类别 1 和类别 2 中需要检查的图元类别，如图 4-132 所示，在"冲突报告"对话框中会显示其中有冲突的图元，在视图中直接修改该图元即可。

碰撞检查

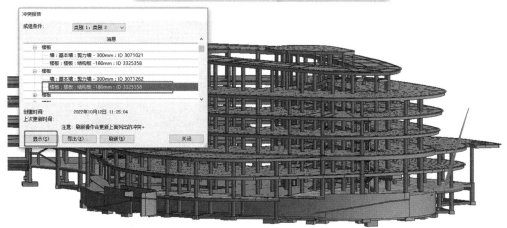

图 4-132

分层链接

2. 模型链接

在建模过程中，由于模型构件数量多，占用内存大，如果把一整栋建筑所有构件一起建造，会非常影响计算机的运行速度。所以，我们通常可以选择建好单层模型，再模型链接，具体做法参照第 3 章相关内容。

（1）分层链接。

利用分层链接，把建筑与结构链接一起进行检查，准确地找到并修改冲突图元，提高模型的效率和准确性，减少后期的修改。链接分层模型的时候，不要单击"管理链接"按钮。

（2）整合模型链接。

选择空白的结构轴网，将各层的结构模型链接进去，链接进去后单击"绑定链接"按钮，选中"详图"复选框，链接完成后，单击"解组"按钮，具体做法参照第 3 章相关内容。在弹出的"警告"对话框中检查导入的模型有没有问题，若没有问题，再导入其他层的模型。

"实例不是剪切的主体"，表示在单层模型中，板洞口的标高设置不准确，剪切到了其他主体，需要重新设置。

 小提示

"族名称同化"是指分层设置好的族名称在链接后变为一样，不能区分开。如图 4-133 所示，该层柱族名称应为"F01_S_混凝土圆形结构柱"，但链接完成后，该柱族名称为"F02_S_混凝土圆形结构柱"，将一层的柱族名称与二层的柱族名称变成了一样。

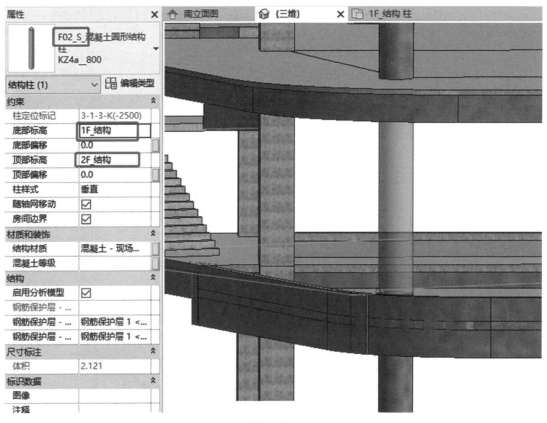

图 4-133

本工程在建模时，因涉及族名称图元的改动，所以在链接结构模型时容易出现"族名称同化"的问题。针对此类问题，在链接图元时，可以选择单层链接、管理、解组，修改族名称后，再链接上一层，以提高效率。

① 隐藏不需要更改的图元，利用"剖面框"将"族名称同化"楼层隔离出来，如图 4-134 中所示。

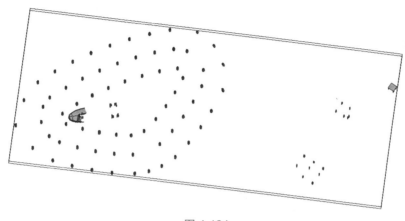

图 4-134

② 选择需要修改的图元，利用右键 + 快捷键 AA 或者"选择全部实例"将需要修改的图元全部显示出来，再利用快捷键 HI 隔离图元，框选所有隔离出的图元，在类型属性中修改族名称（族名称修改参照新建族的做法）。

a. 选择需要修改的图元。

b. 选择全部实例图元。

c. 将"全部图元"隔离。

d. 框选需要隔离出的图元，修改族名称图元，如图 4-135 所示。

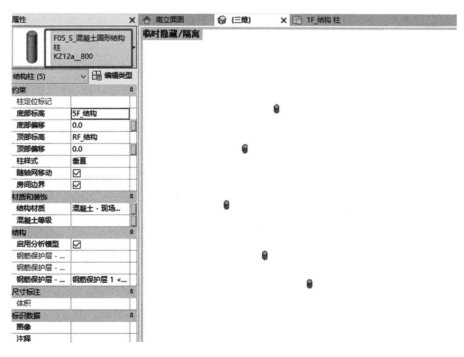

图 4-135

图 4-135（续）

完成这一层的修改后，对其他楼层出现的同类问题，都可以用这样的方法修改。

4.5 大型综合体实战案例（建筑）

本节通过对大型综合体实战案例的讲解，可以帮助读者了解并熟悉建筑建模的模型文件命名规定、项目建模的步骤与方法，让读者更加系统深入地掌握整个建模的流程与要点及如何分层链接整合模型。

4.5.1 项目概况

名称：某区图书馆、综合档案馆、规划展览馆建设项目 EPC 工程。

总用地面积：27404.73m²。

总建筑面积：36192.74m²。

建筑层数：设 1 层地下室（车库），地上布置三馆一体建筑，最高地上五层。

结构高度：图书馆为 22.95m，档案馆为 18.45m，展览馆为 22.95m。

结构体系：框架结构。

建筑性质：大型综合体项目。

4.5.2 项目成果展示

项目成果展示如图 4-136 所示。

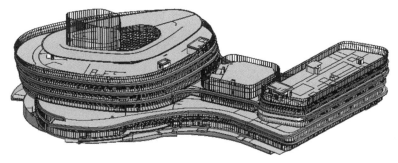

图 4-136

4.5.3 项目建模的步骤与方法

1. 审图

建模先从熟悉图纸开始,将图纸浏览一遍,对有疑问的地方进行协商及询问设计院,让脑海中呈现整栋建筑的大体三维轮廓,然后根据图纸每层的要求进行分层建模,分层建好再进行整体链接,如图 4-137 所示,详细内容请参照 4.3 节。

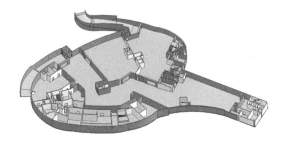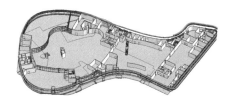

图 4-137

2. 选择新建建筑样板,绘制标高和轴网,定项目基点

根据图纸中的平面图、立面图,建立标高和轴网,因为图纸分为建筑图、结构图、机电图、给排水图,各类图纸是分开分层建模的,所以要设置一个共同的项目基点,各层的模型链接或者导图才能够准确地定位到轴网中的相应位置。

3. 墙体的绘制

根据图纸中墙的定位、项目的要求和对构件的命名,从地下室三层开始绘制墙体,设定好墙的高度及偏移量,在轴网中的相应位置进行墙体布置。

4. 门窗族的创建及插入

(1)新建门窗族:根据门窗明细表的大样图进行门窗族的建族,包括尺寸、外观及材质等。门窗的命名要严格按照项目要求进行命名。

(2)插入门窗:根据图纸,在墙体上对门窗进行插入、绘制,对插入的门窗进行类别标记。

5. 楼板的绘制

(1)楼板的创建:根据图纸对楼板进行绘制,注意楼板的参数设置,如标高(个别需要沉降)、材质等。

（2）停车位及指示路线的绘制，根据图纸确定好停车位及指示路线的定位、尺寸、参数。

（3）楼板的竖井开洞及墙体的预留洞口开洞，如图 4-138 所示。

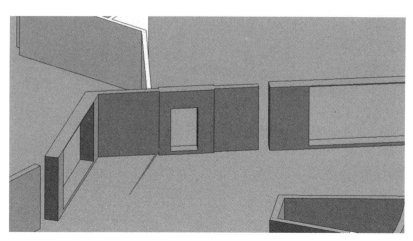

图 4-138

6. 楼梯的创建

（1）绘制大型项目的楼梯时需注意，楼梯的参数应与图纸相一致，每层楼梯最后一阶踏步与结构梁连接。绘制楼梯时需根据项目中楼梯的楼梯样式选择最佳绘制方法，有两种方法可供选择，第一种是"按构件"，第二种是"按草图"。

（2）一般如图 4-139 所示的多跑楼梯，建议用"按草图"来绘制楼梯。

楼梯的绘制步骤如下。

① 找到相应的楼梯大样图，读取楼梯基本信息进行楼梯参数的设置，最后进行楼梯的绘制。

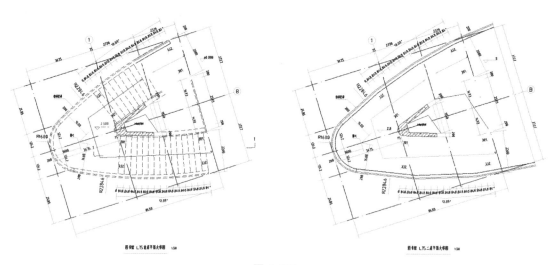

图 4-139

② 楼梯绘制好后需要链接结构进行检查，观察结构与建筑的楼梯是否有冲突的地方。

③ 导入之后，若建筑中的楼梯梯板或踏步能与结构的梯柱、梯梁相吻合，则绘制完成；反之，则需要检查楼梯是否画错或图纸是否有问题，再对应进行修改。

7. 幕墙的创建

在建筑工程中，幕墙的绘制一直是一个难点，所以本节将详细讲解幕墙该如何创建。

根据图纸可知，这是一个倾斜式的幕墙，Revit 软件自带的幕墙都是垂直的，这时需要用到"体量"来辅助绘制。在需要创建幕墙的楼层中，导入相邻楼层的模型，再导入这两个楼层的图纸，在这两个楼层间的幕墙位置上，按照图纸的位置创建一个实体体量，再使用"体量和场地"选项卡"面模型"面板中的"幕墙系统"功能绘制生成面幕墙。

（1）内建体量，创建幕墙系统，删除体量，如图 4-140 所示。

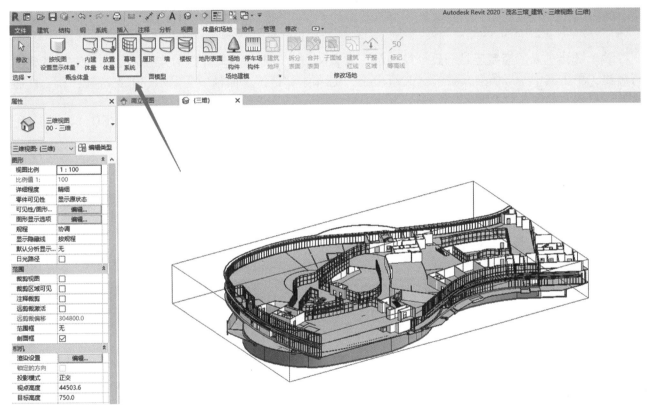

图 4-140

（2）进行网格线的定位。由于幕墙是斜的，而网格线的距离也不同，网格距离要根据图纸给定的尺寸去绘制，绘制时需耐心地一根一根地绘制。

（3）定位好网格线后进行嵌板更换，替换成图纸上幕墙要求的门和窗，如图 4-141 所示。

8. 分层进行链接

当大型项目分层进行绘制时需要进行链接整合，接下来以地下室模型为例进行模型的链接整合。

（1）将建好的模型整理保存，打开其中一个楼层。

（2）在"插入"选项卡中单击链接"Revit"按钮。

（3）单击"链接 Revit"按钮后会弹出对话框，从中选择想要链接的楼层文件，然后定位原点对原点，单击"打开"按钮。采用同样的方法将所有的文件链接完。

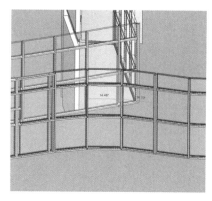

图 4-141

（4）链接进来的模型还是一整个模型组，在文件当中还不能编辑，这时需要将链接进来的模型进行解组。单击其中一层模型，"修改 | RVT 链接"选项卡"链接"面板中会显示"绑定链接"和"管理链接"按钮，如图 4-142 所示。

（5）单击"绑定链接"按钮，取消选中默认的"附着的详图"复选框，单击"确定"按钮，如图 4-142 所示，之后弹出的对话框都单击"确定"按钮。

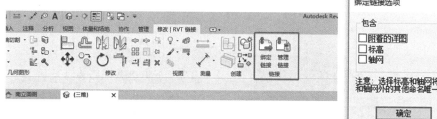
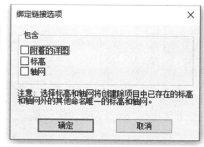

图 4-142

（6）绑定链接之后再重新单击模型，"修改 | 模型组"选项卡"成组"面板中会出现"编辑组""解组"与"链接"按钮，接下来单击"解组"按钮，解组完即可对模型进行编辑，如图 4-143 所示。

图 4-143

9. 分层链接整体模型的修改

分层链接上来的模型，有可能会出现构件与构件"冲突"，因此可能令模型丢失一部分构件或者出现错乱，这种情况下丢失的构件要在整体模型中补回来，错乱的构件要在整体模型中删除并重新补上正确的构件，如图 4-144 所示。

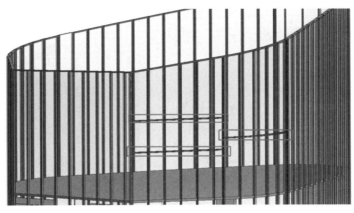

图 4-144

本章小结

　　本章通过三个不同类型工程实例的讲解，带领读者学习了在实际工程中如何从基础建模到复杂构件的创建。这些能提升我们的建模水平，使我们更加熟练地操作软件。建模人员必须了解BIM建模的专业信息知识，考虑对构件的要求及构件之间的冲突情况，处理各种难点。

第 5 章
BIM 应用拓展

📖 本章导读

党的二十大报告指出，要加快建设网络强国、数字中国。大力推进数字化建设，举全行业之力打造"数字住建"，是数字中国战略在住房和城乡建设领域的系统承接。

本章以 Autodesk Navisworks 的基础应用及 Fuzor 和 HiBIM 的部分应用拓展为教学案例，使学生了解更多的 BIM 应用拓展。

Autodesk Navisworks 软件是一款用于分析仿真和项目信息交流的全面审阅解决方案。Autodesk Navisworks 解决方案支持所有项目相关方可靠地整合、分享和审阅详细的三维设计模型，在 BIM 工作流程中处于核心地位。Autodesk Navisworks 能够辅助建筑工程和施工领域的专业人士与利益相关方共同全面审阅集成模型和数据，从而更好地控制项目成果。Autodesk Navisworks 的各种集成、分析和沟通模块可以辅助团队在项目施工改造开始前协调规程，解决冲突并规划项目。

Fuzor 是施工应用比较丰富的一款基于 Revit 的插件，Fuzor 简单高效的 4D 模拟流程可以快速创建丰富的 4D 进度管理场景，用户可以基于 Fuzor 平台来完成各类工程项目的施工模拟。

HiBIM 系列软件是基于 Revit 平台研发的，涵盖设计建模、模型转化（翻模）、深化设计、工程算量场景应用的 BIM 软件。HiBIM 系列软件在深化设计层面的应用点大体包含碰撞检测、净高分析、支吊架、套管开洞等，通过该系列软件能大大提高效率。

📖 学习重点

（1）建筑信息模型与 Autodesk Navisworks。
（2）Autodesk Navisworks 的应用。
（3）碰撞检查。
（4）Fuzor 施工模拟。
（5）HiBIM 支吊架应用。

5.1 BIM 与 Autodesk Navisworks

BIM 1.0 阶段的特征是"以建模为主，应用为辅"，不同专业的 BIM 技术人员采用不同的三维设计工具来完成本专业的参数化设计建模工作，提供专业的有限应用。如图 5-1 所示，以经典的三维工厂为例，在工程设计阶段，建筑专业设计人员需要使用 SketchUp 和 Revit 分别创建建筑专业模型及场地景观模型；机电专业设计人员使用 Autodesk Revit MEP 创建水暖电模型；设备专业设计人员则需要使用 Solidworks 创建工厂所需的机械设备模型；工艺管道专业设计人员则需要使用基于 AutoCAD 的三维管道软件（如 PDSoft）创建三维管线模型。由于不同的三维设计工具具有较强的专业针对性，使用针对本专业的三维设计工具将更加符合特定的专业工作需求，从而提高本专业的工作效率。在 BIM 1.0 时代，由于不同专业的工程技术人员采用不同的三维设计软件生成不同数据格式的文件，且由于三维设计软件对不同的文件数据的读取有一定的局限性，因此使得不同专业的设计模型难以整合到一起并实现多专业的协同处理。如何能将这些不同类型的模型文件整合为完整的三维数据库来进行全专业的协同工作处理，是 BIM 技术在设计阶段应用的关键。

图 5-1

当今时代建筑的规模越来越大，建筑和结构设计越来越复杂。图 5-2 所示为某大型商业综合体，其建筑面积为 $12 \times 10^4 m^2$，通过使用 Autodesk Revit 创建的包含建筑、结构、机电等专业的 BIM 模型文件，其大小可达到 3GB。由于 Autodesk Revit 等 BIM 软件对计算机硬件性能的要求较高，利用 Autodesk Revit 进行单专业 BIM 建模是可行的，但是，若利用 Autodesk Revit 对该综合体所有 BIM 模型文件进行多专业的模型整合和浏览，则对计算机硬件的运算能力是非常严峻的考验。

BIM 2.0 时代的特征是"以应用为主，建模为辅"，也就是在当今"互联网 +"大数据时代，BIM 中的"I"（Information，信息），在建筑工程项目全生命周期管理过程中将无限添加扩展和完善信息，建筑各阶段的信息收集、整合、管理成为 BIM 应用的重要环节。例如，在施工阶段，除需要将建筑、结构、机电等这些专业的 BIM 模型进行整合、展示、浏览与查看外，还需要在施工过程中随施工进度不断在 BIM 数据库中集成各构件施工的时间节点信息、安装信息、采购信息、变更信息、验收信息、现场照片等施工信息，如图 5-3 所示。这些建筑施工、管理信息属于 BIM 数据库中的一部分，通常会采用 Microsoft Project、Microsoft Excel、Microsoft Word 等多种软件对施工过程中产生的数据信息进行保存。如何将这些数据与 BIM 模型关联并进行管理，是 BIM 工作过程中必不可少的环节，也是未来建筑数据整合分析的基础。

图 5-2

A	B	C	D	E
设计变更登记表				
序号	专业	图纸编号	变更内容	收文日期
1	建筑	J修-01	消防电梯DT21、DT22参数修改，电梯机房高度修改	2024/02/10
2	建筑	J修-02	原设计图纸J-07中16轴交B轴、D轴段3号坡道、JX-78图中1#风井夹夹层及JX-81中3号坡道1-1剖面中涉及的-1.8m标高处风井夹层板由原来的水平板修改为上折板	2024/02/10
3	建筑	J修-03	地下二层生活水泵房3轴交B轴、C轴处建筑标高范围及门的设置做出修改调整	2024/02/10
4	建筑	J修-04	原设计防水节点及防水做法做出修改	2024/02/10
5	建筑	J修-05	原设计J-07地下一层A轴交6轴~10轴处机房布局调整，A轴交9轴处增加防火疏散门FM1221甲	2024/02/10
6	建筑	J修-06	原设计地下室四层、地下室五层共计16扇活门槛钢筋混凝土双扇防护密闭门修改为钢结构活门槛双扇防护密闭门	2024/02/27

图 5-3

BIM 以模型为载体，整合建筑全生命周期的所有信息，使得其具有生命力，也是 BIM 数据具备可以进入工程信息管理系统（Project Information Management System，PIMS）进行管理的基础。但在工程实际应用中，建筑工程领域在各环节的数据量十分庞大，信息格式复杂多样，已成为实施 BIM 协同和应用的最大障碍，因此必须通过有效的手段来解决模型信息的集成和整合问题。Autodesk Navisworks 便是解决 BIM 应用中上述难题的"神兵利器"，图 5-4 所示为 Autodesk Navisworks Manage 2020 的启动界面。

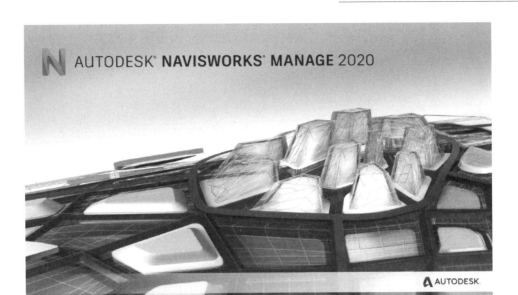

图 5-4

5.2 Autodesk Navisworks 的应用

Autodesk Navisworks（以下简称 Navisworks）能够将 AutoCAD、Revit、3ds Max 等 BIM 软件创建的设计数据与来自其他设计工具的几何图形和信息相结合，整合成整体的三维项目，通过多种文件格式进行实时审阅，而无须考虑文件大小，帮助所有相关方将项目作为一个整体进行管理，从而优化设计决策、建筑施工、性能预测等环节，是一种强大的 BIM 数据和信息的整合和管理工具。本节简要介绍 Navisworks 的模型读取整合、场景浏览、碰撞检查等模块的功能。

5.2.1 模型读取整合

Navisworks 是整合不同专业 BIM 模型（如建筑、结构、机电模型）进行应用的工具。通过创建新的场景文件，即打开 Navisworks Manage 软件，在场景中打开、合并或附加 BIM 模型文件。

Navisworks
模型读取
整合

（1）启动 Navisworks Manage，将默认打开空白场景文件，用于在场景文件中整合所需的 BIM 数据模型。选择"应用程序"→"新建"或单击快速访问栏中的"新建"按钮，都将在 Navisworks 中创建新的场景文件，如图 5-5 所示。

注意：Navisworks 只能打开一个场景文件，即在创建新的场景文件的同时，Navisworks 将关闭当前所有已经打开的场景文件。

（2）在场景中添加整合 BIM 模型文件的方法一般有两种，即"附加"和"合并"。以"附加"的形式添加至当前场景中的模型数据，Navisworks 将保持其与所附加外部数据的链接关系，即当外部的模型数据发生变化时，可以使用"常用"选项卡上"项目"面板中的"刷新"工具进行数据更新；而使用"合并"方式添加至当前场景的模型数据，Navisworks 会将所添加的数据变为当前场景的一部分，当外部的模型数据发生变化时，不会影响已经"合并"至当前场景中的场景数据。

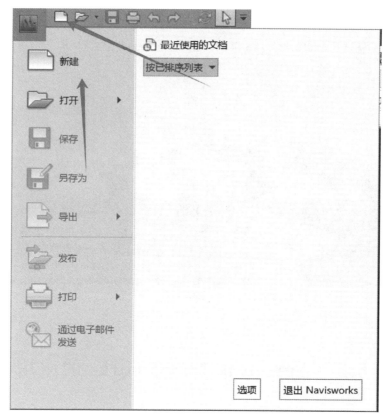

图 5-5

在场景中添加整合 BIM 模型文件的步骤如下。

① 如图 5-6 所示，选择"常用"→"项目"→"附加"/"合并"。

② 如图 5-7 所示，打开该对话框中底部的"文件类型"下拉列表框。

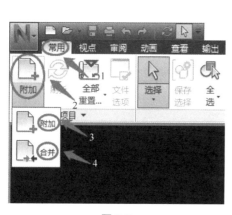

图 5-6

图 5-7

③ 如图 5-8 所示，该列表中显示了 Navisworks 可以支持的所有文档格式，选择你要整合的文件的格式，单击"打开"按钮，将该文件"附加"或"合并"至当前场景中。

图 5-8

5.2.2 场景浏览

在 Navisworks 场景中整合完各专业模型后，首先需要做的事就是浏览和查看模型。利用 Navisworks 提供的多种模型浏览和查看工具，用户可根据工作需要对模型进行三维可视化查看。Navisworks 提供了一系列视点浏览导航控制工具，用于对视图进行缩放、旋转、漫游、飞行等导航操作，可以模拟在场景中漫步观察的人物和视角，用于检查在行走路线过程中的图元是否符合设计要求。

场景浏览

（1）如图 5-9 所示，选择"视点"→"导航"→"漫游"，会出现"漫游""飞行"选项，可根据需要进行选择，进入查看模式；如图 5-10 所示，选择"视点"→"导航"→"真实效果"，将会出现"碰撞""重力""蹲伏""第三人"选项，可根据需要进行单选或者多选。

图 5-9

图 5-10

（2）漫游控制是将光标移动至场景视图中，按住鼠标左键不放，前后拖动鼠标，将虚拟在场景中前后行走；左右拖动鼠标，将实现场景的旋转；若要上下移动，则在取消选中"重力"状态下，按住鼠标滚轮前后移动即可实现，也可利用键盘的上下左右功能键来实现，如图 5-11 所示。

图 5-11

（3）在真实效果中，若选中"碰撞"功能，则当行走至墙体位置时，将与墙体发生"碰撞"，而无法穿越墙体；若选中"蹲伏"功能，则在行走过程中检测到路径与墙体发生"碰撞"时将会自动"蹲伏"，以尝试用蹲伏的方式从模型对象底部通过；"第三人"功能是表示在漫游时会出现虚拟人物进行场景漫游检测；"重力"功能则表示虚拟人物是不会漂浮的，默认站在模型构件上。

5.2.3 碰撞检查

碰撞检查

由于现阶段的 BIM 模型都是利用不同专业的设计图进行单独建模工作的，各专业间的空间位置易发生冲突，这些冲突在二维图纸上一般难以发现，如果利用 Navisworks 的浏览功能也需要花费大量时间。那么如何解决多专业协同设计问题呢？

三维建模的碰撞检查是 BIM 应用中最常用的功能，其目的是达到各专业间的设计协同，使设计更加合理，从而减少施工变更。Navisworks 提供的 Clash Detective（碰撞检查）模块，用于完成三维场景中所指定的任意两个选择集图元间的碰撞和冲突检测。即 Navisworks 将根据指定的条件，自动找出相互冲突的空间位置，并形成报告文件，且允许用户对碰撞检查结果进行管理。

（1）单击"常用"选项卡中的"Clash Detective"按钮，如图 5-12 所示。

图 5-12

（2）在弹出的"Clash Detective"对话框中，单击右上方的"添加检测"按钮，此时会创建一个新的碰撞检测项，然后对该碰撞检测项进行重命名。例如修改本次碰撞检测项为"电缆桥架 VS 管道"，来检查机电模型的碰撞个数，如图 5-13 所示。

图 5-13

（3）在"选择 A"和"选择 B"中分别选择要碰撞的类型，如在"选择 A"中选择"电缆桥架"，在"选择 B"中选择"管道"，将碰撞类型修改为"硬碰撞"，公差为"0.010m"，最后单击"运行检测"按钮，如图 5-14 所示。

图 5-14

（4）如图 5-15 所示，完成碰撞，可以通过模型检查碰撞的情况。

（5）最后导出碰撞列表，格式为 HTML（表格），用 Excel 打开就可以查看，最后再根据项目需求整理成项目的统一格式，如图 5-16 和图 5-17 所示。

小提示

导出时文件名切记应使用英文，如果使用中文导出报告中的图片会显示有误。

图　5-15

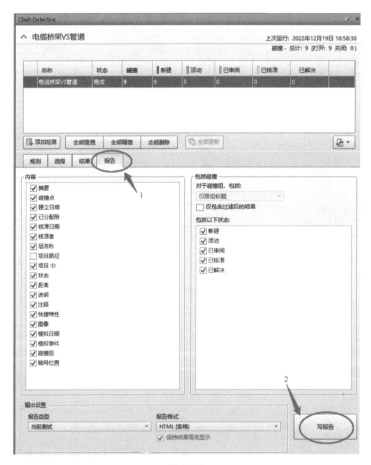

图 5-16

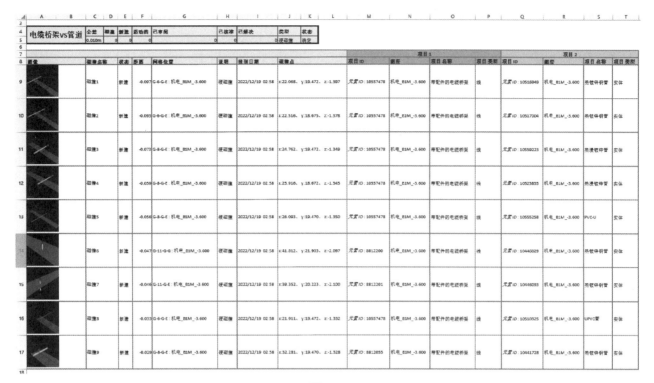

图 5-17

5.3 Fuzor 施工模拟

Fuzor 是施工应用比较丰富的一款基于 Revit 的插件，Fuzor VDC 丰富的 4D 动画选项可以帮助用户创建非常精细的 4D 施工模拟，目前 Fuzor 有生长任务、拆除任务、机械任务、临时任务和分段任务等不同类型，结合不同的任务和动画样式，可以表达不同的施工场景，如浇筑混凝土、安装机电设备、拆除已有建筑物或者临时堆放建筑材料等。本章主要讲解 Fuzor 4D 施工模拟中的生长任务。

Fuzor 施工
模拟

（1）在项目栏中选择"Fuzor Plugin"选项卡，单击"Launch Fuzor 2020 Virtual Design Construction"按钮，弹出"Fuzor Revit Document Manager"对话框，然后单击对话框中的"OK"按钮启动 Fuzor，如图 5-18、图 5-19 所示。

图 5-18

图 5-19

（2）进入 Fuzor 界面后，单击"更多选项"按钮，然后单击"建筑设备"中的"4D 模拟"按钮，如图 5-20 所示。

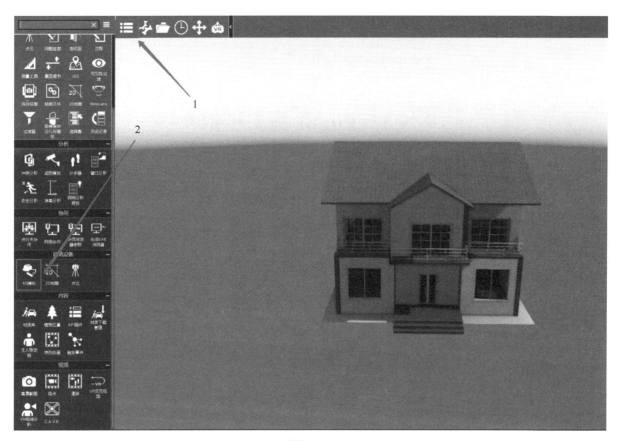

图 5-20

（3）进入 4D 模拟工作界面后，在下方的任务栏中单击"新项目"按钮，设置建筑的开始施工和完成施工时间，随后单击"OK"按钮完成新任务的创建，如图 5-21 所示。

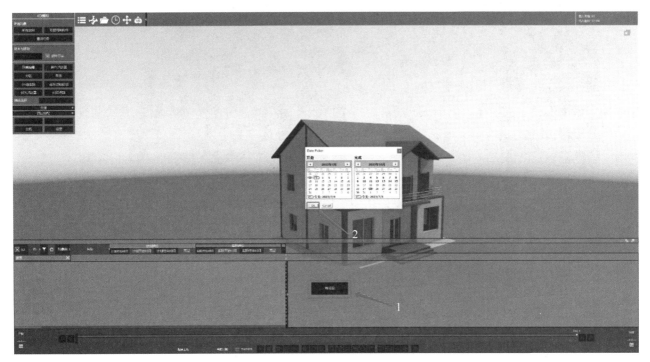

图 5-21

（4）进入 4D 模拟工作界面，单击右下方的"新建任务"按钮，随后在名称栏中将项目名称改为"1F 板"，其余构件采用相同方法创建，以方便项目管理，如图 5-22 所示。

图 5-22

（5）新任务创建完成后，单击模型中 1F 的楼板，然后选择"4D 模拟"→"所选对象"→"同层同类构件"，接着单击 4D 模拟任务栏中已提前创建好的"1F 板"，然后单击下方的"添加选择"按钮，如图 5-23 所示。其余构件采用相同方法添加。

（6）当所有的构件均添加到对应的任务中后，单击任务中的时间图例 按钮，在"Date Picker"对话框中设置构件的开始和完成时间，然后单击"OK"按钮，如图 5-24 所示。其余构件采用相同方法设置。

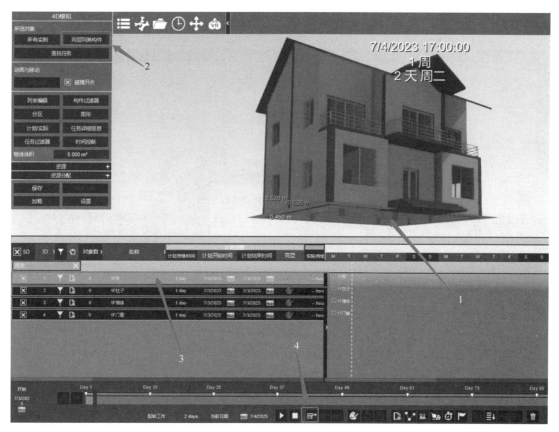

图 5-23

图 5-24

（7）所有任务设置好时间线后，选择"更多选项"→"视频"→"视点"，如图 5-25 所示。

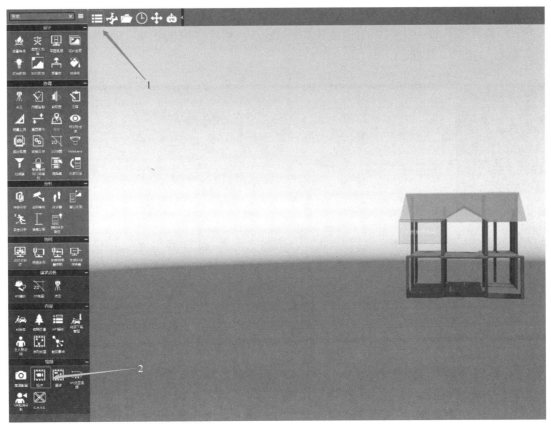

图 5-25

（8）在"更多选项"选项卡中选择"场景效果"→"建造阶段"，进入建造阶段模式，如图 5-26
所示。

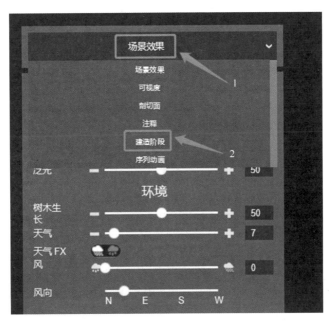

图 5-26

（9）如图 5-27 所示，箭头 1 所指的"Day1"为施工进度条的第一天，箭头 2 下方的胶片为视频拍摄工作栏，每一格代表一秒。先把施工进度条拉到 Day1，然后在视频拍摄工作栏中的第一个格子上方（箭头 2 处）单击"拍摄"按钮。

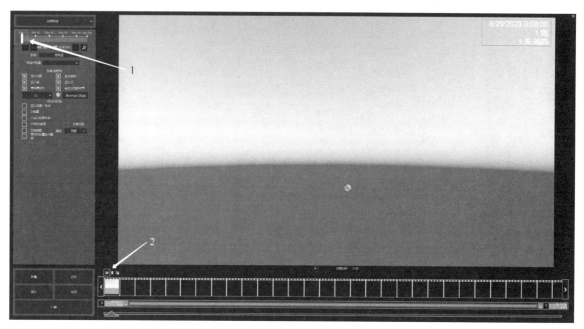

图 5-27

（10）把施工进度条拉到末端"Day121"处，在视频拍摄工作栏中选择第十个格子，单击"拍摄"按钮，最后单击"渲染"按钮，在弹出的对话框中单击"保存"按钮，保存完成后等待渲染完成即可，如图 5-28、图 5-29 所示。

图 5-28

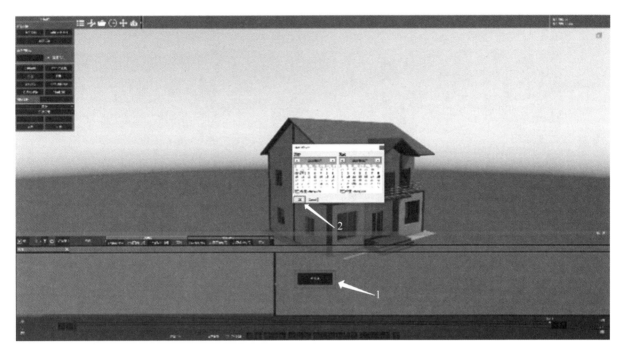

图 5-29

5.4 支吊架有限元计算

HiBIM 系列软件是基于 Revit 平台研发的，能够帮助 BIM 设计师提高效率的一款插件。其主要包含的功能有：土建建模、土建深化、土建算量、机电建模、机电深化、安装算量、标注出图等。本章将围绕机电深化中的支吊架展开学习。

支吊架有限元计算

支吊架在项目建设过程中扮演着重要角色，因此对其进行选型和安全性论证显得尤为重要。然而，目前很多选型方法仍依赖于传统的图集和机电工程人员的施工经验，这种方式存在安全性较低的风险。不过，一些机电工程师已经开始寻求相关软件的帮助来解决这个问题。例如，一些简易的支吊架验算软件和国际上通用的结构分析软件可以应用于支吊架选型过程中。这些软件能够提供更精确的计算和分析结果，以帮助工程师们更好地评估支吊架的安全性能。同时，工程师们可以通过使用这些软件更准确地预测支吊架的承载能力，并确保其满足项目的要求。

这种基于软件的支吊架选型方法具有许多优势，包括提供更细致的分析和计算、减少人为误差、节省时间和成本。尽管在选型过程中还需要考虑其他因素，如材料选择和环境条件等，但借助软件的辅助，可以更加科学可靠地进行支吊架选型，从而提高整个项目的安全性。

接下来，我们一起学习基于 HiBIM 软件的支吊架有限元计算。

（1）双击打开安装好的 HiBIM 4.0.0，在箭头 1 处的下拉列表中选择需要打开的 Revit 版本，单击"打开工程"按钮，如图 5-30 所示。

（2）在项目栏中选择"机电深化（品茗）"→"支吊架"→"支吊架布置"，依次单击需要共同使用支架的管件后右击，然后单击"单点布置"按钮即可完成布置，如图 5-31、图 5-32 所示。

图 5-30

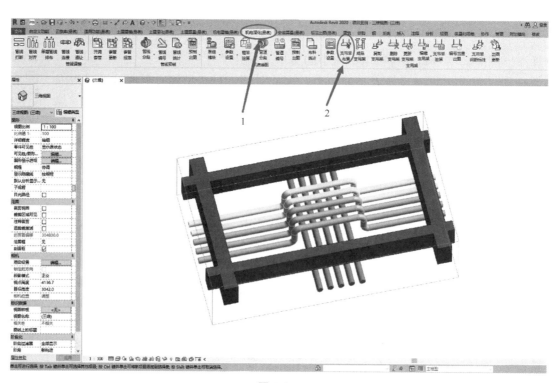

图 5-31

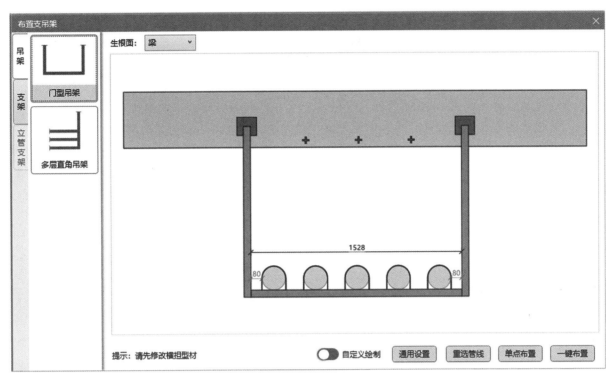

图 5-32

（3）在项目栏中选择"机电深化（品茗）"→"支吊架"→"支吊架验算"，如图 5-33 所示，单击需要验算的支吊架。在弹出的"支吊架验算"界面单击"开始计算"按钮，计算结论为"满足"，即代表满足使用要求，如图 5-34 所示。最后还可根据需求选择"导出计算书"等功能。

图 5-33

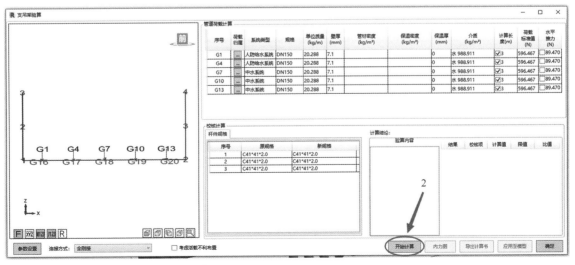

图 5-34

本 章 小 结

本章通过目前常用的三款 BIM 软件，带领读者学习了解在实际工程中如何通过模型去做更多的应用，掌握这些内容能提升读者的工作能力，帮助读者深入了解工程的所需所求。

第6章

BIM 一级建模师培训

6.1　一级建模历年真题

一、单选题

1. 下列说法中不恰当的是（　　）。

A. BIM 以建筑工程项目的各项相关数据作为模型的基础

B. BIM 是一个共享的知识资源

C. BIM 技术不支持开放式标准

D. BIM 不是一件事物，也不是一种软件，而是一项涉及整个建造流程的活动

2. 以下选项不属于 BIM 模型特点的是（　　）。

A. 可视化　　　　　B. 可协调性　　　　　C. 可共享性　　　　　D. 优化性

3. BIM（Building Information Modeling）是由（　　）于 20 世纪 70 年代提出的。

A. Chuck Eastman　　　　　　　　B. Jerry Laiserin

C. Phil.G.Bernstein　　　　　　　D. Autodesk

4. 运维仿真的应用不包括（　　）。

A. 碰撞检查　　　　　　　　　　B. 设备的运行监控

C. 工程量自动计算　　　　　　　D. 建筑空间管理

5. BIM 建模软件种类繁多，（　　）软件可以涵盖整个建筑生命周期。

A. Autodesk 公司的 Revit 建筑、结构和机电系列

B. Bentley 建筑、结构和设备系列

C. ArchiCAD 的 Nemetschek 产品

D. 无

6. 依据美国国家 BIM 标准委员会（NBIMS）的定义，BIM 是一个设施（建筑项目）物理和功能特性的（　　）。

A. 图形表达　　　B. 动画表达　　　C. 文字表达　　　D. 数字表达

7. 下列选型不属于设备分析内容流程的是（　　　）。

A. 管道、通风、负荷等机电设计中的计算分析模型输出

B. 冷、热负荷计算分析

C. 舒适度和气流组织模拟

D. 建筑、小区日照性能分析

8. Revit 导出 ifc 文件设置为第一级，并将其导入新的项目中绑定，会出现下列哪种情况？（　　　）

A. 无法编辑组　　　　　　　　　B. 编辑组中构建无法修改参数

C. 组中构建参数信息丢失　　　　D. 构建损坏

9. 下列关于 BIM 软件的说法正确的是（　　　）。

A. Revit 只能建立建筑、结构模型，没有机电建模功能

B. Rhino 软件可以用于复杂建筑表皮建模

C. Tekla 软件在机电建模领域应用最广泛

D. Lightscape 主要应用于场地建模

10. 软件之间的数据交换方式不包括（　　　）。

A. 直接调用　　　B. 相关数据调用　　C. 间接调用　　　D. 同一数据格式调用

二、多选题

1. 要在图例视图中创建某个窗的图例，以下做法正确的是（　　　）。

A. 用"绘图—图例构件"命令，从"族"下拉列表中选择该窗类型

B. 可选择图例的"视图"方向

C. 可设置图例的主体长度值

D. 图例显示的详细程度不能调节，总是和其在视图中的显示相同

E. 窗的尺寸标注是它的类型属性

2. 建筑施工行业相关的 BIM 软件基本上可以划分为（　　　）三个大类。

A. 技术类 BIM 软件　　　　　　B. 协调类 BIM 软件

C. 经济类 BIM 软件　　　　　　D. 生产类 BIM 软件

E. 渲染类 BIM 软件

3. BIM 应用中，属于设计阶段应用的是（　　　）。

A. 净高分析　　　B. 能量分析　　　C. 碰撞检测　　　D. 数字化加工

E. 施工图设计

4. 下面关于施工工序管理说法错误的是（　　　）。

A. 利用 BIM 技术能够更好地确定工序质量控制工作计划

B. 利用 BIM 技术能够主动控制工序活动条件的质量

C. 工序活动条件主要值影响质量的三大因素，即人、材料、机械设备

D. 能够及时检验工序活动效果的质量

E. BIM 技术暂时还不能设置工序质量控制点，需要人工重点控制

5. BIM 技术在招投标中的应用优势有（　　　）。

A. 提高了招投标的效率　　　　　B. 提高了招投标的质量

C. 提升了施工方竞标能力　　　　D. 节省了招投标阶段的成本

E. 提升了行业招投标管理水平

6. BIM 可以理解为在实体建造的全生命过程中，同时创建一个与之对应的信息系统以实现信息共

享和精益制造，这个信息系统包含（　　　）。

　　A. 共享数据库　　　　　　　　B. 数据库应用

　　C. 数据库创建及应用标准　　　D. 工作流程

　　E. 信息管理方式

7. 下列选项属于 BIM 在工程项目施工安全管理中的应用的是（　　　）。

　　A. 施工过程 4D 管理　　　　　B. 施工动态监测

　　C. 工程量统计　　　　　　　　D. 灾害应急管理

　　E. 模型碰撞检查

8. BIM 设计过程中，专业内部及专业间的协同贯穿于整个设计过程，Revit 软件设计协同的方式有（　　　）。

　　A. 链接　　　　　　　　　　　B. 工作集

　　C. 拆分　　　　　　　　　　　D. 链接 + 工作集

　　E. 导入

9. 若 Revit 视图中图元不可见，可能存在的问题有（　　　）。

　　A. 视图范围设置不当　　　　　B. 可见性设置问题

　　C. 将视觉样式调成了线框模式　D. 可能选择了裁剪视图

　　E. 添加的过滤器设置了不可见

10. BIM 技术较二维 CAD 技术的优势有（　　　）。

　　A. 具有几何特性，同时还具有建筑物理特性和功能特性

　　B. 各个构件相互关联

　　C. 建筑物整体只需修改一次，与之相关的平面、立面等都自动修改

　　D. 包含了建筑的全部信息，还可提供形象可视的图纸

　　E. 修改图元位置时，需要再次画图，或者通过拉伸命令调整大小

三、技能题

1. 用体量创建图 6-1 中的"仿央视大厦"模型，请将模型以"仿央视大厦 + 考生姓名"为文件名保存到考生文件夹中。

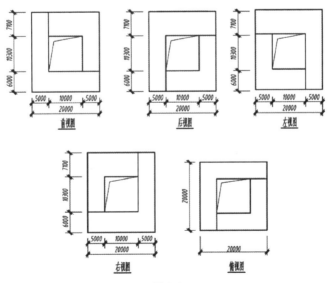

图 6-1

2. 根据图 6-2 给定的数据创建轴网与屋顶，轴网显示方式参考图 6-2，屋顶底标高为 6.3m，厚度为 150mm，坡度为 1：1.5，材质不限。请将模型文件以"屋顶＋考生姓名"为文件名保存到考生文件夹中。

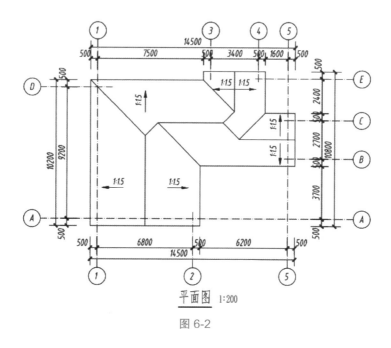

平面图 1:200

图 6-2

3. 根据图 6-3 给定尺寸，用构件集形式建立陶立克柱的实体模型，并以"陶立克柱＋考生名字"为文件名保存到考生文件夹中。

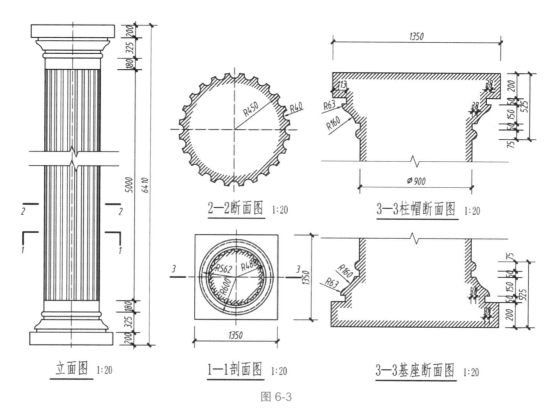

立面图 1:20　　1—1 剖面图 1:20　　3—3 基座断面图 1:20

2—2 断面图 1:20　　3—3 柱帽断面图 1:20

图 6-3

4.根据以下要求和给出的图纸（图6-4），创建活动中心建立模型并将结果输出。在考生文件夹下新建名为"小别墅＋考生姓名"的文件夹，并将结果文件保存在该文件夹中。

（1）建模环境设置。

设置项目信息：

① 项目发布日期：2020 年 10 月 10 日

② 项目编号：3707091903190×××

（2）BIM 参数化建模。

① 根据给出的图纸创建标高、轴网、建筑形体，包括墙、柱、门、屋顶、楼板、扶手、洞口等。其中，标明尺寸的门窗须准确定位，未标明尺寸与样式的不做要求，大致示意即可。

② 主要建筑构件参数要求见表1、表2、表3。

③ 根据首层平面图为首层房间命名。

（3）创建图纸。

① 创建门窗表，要求包含类型标记、宽度、高度、合计，并计算总数。

② 建立 A4 尺寸图纸，创建"2—2 剖面图"，尺寸、标高、轴线等标注须符合国家房屋建筑制图统一标准。要求：作图比例为 1∶200；截面填充样式为实心填充；图纸命名为"2—2 剖面图"。

（4）模型文件管理。

① 用"活动中心＋考生姓名"为项目文件命名，并保存项目。

② 将创建的"2—2 剖面图"图纸导出为 AutoCAD DWG 文件，命名为"2—2 剖面图"。

表1 主要建筑构件表

墙	200mm厚加气混凝土砌块
	100mm厚加气混凝土砌块
柱	600mm×600mm
楼板	100mm厚钢筋混凝土
屋顶	100mm厚钢筋混凝土

表2 门明细表

类型标记	宽度（mm）	高度（mm）
M1	3600	2700
M2	1500	2100
M3	1000	2100
M4	900	2100
M5	1200	2100

表3 窗明细表

类型标记	宽度（mm）	高度（mm）
C1	1500	2100
C2	1500	1800
C3	1200	2100
C4	1200	1800
C5	900	2100
C6	900	1800

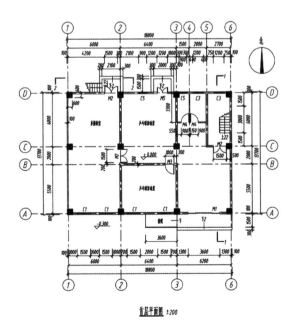

首层平面图 1:200

图 6-4

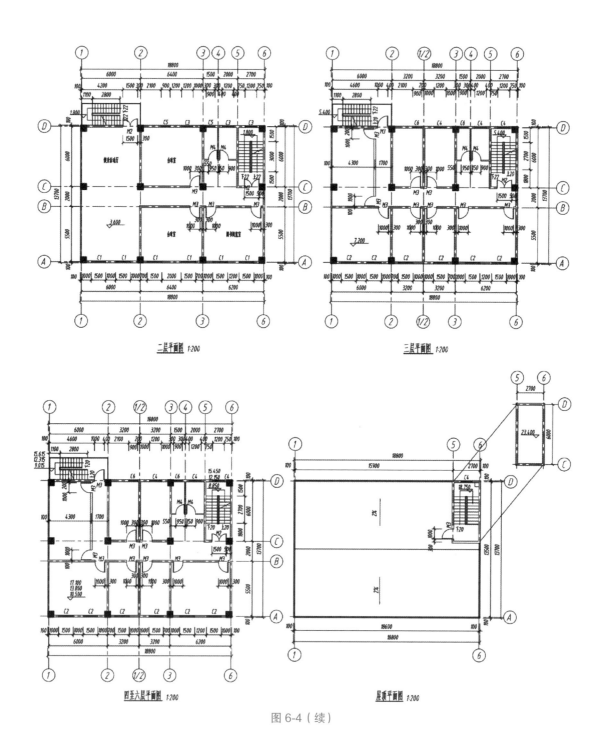

图 6-4（续）

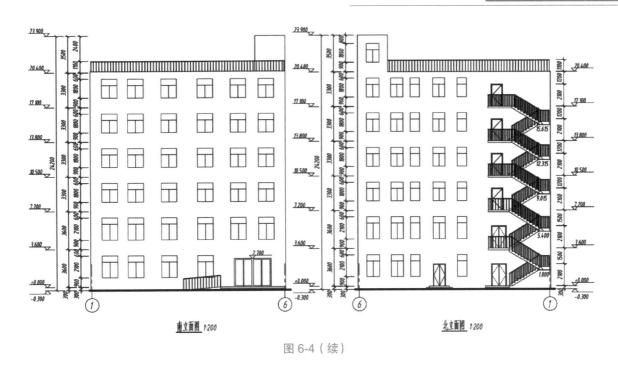

图 6-4（续）

6.2 真题答案及分析

一、单选题答案

题号	1	2	3	4	5	6	7	8	9	10
答案	C	C	A	A	D	D	D	B	B	B

二、多选题答案

题号	1	2	3	4	5	6	7	8	9	10
答案	ABC	ACD	BCE	CE	ABC	ABC	BD	ABD	ABDE	ABCD

三、技能题分析

1. "仿央视大厦"体量建模

（1）新建模型族：选择"新建"→"概念体量"→"公制体量"，如图 6-5 所示。

（2）绘制实体体量。

①打开立面视图，参考立面图，创建标高，如图 6-6 所示。

②参照俯视图，在平面视图（标高 1）中创建体量的长宽并且创建实心形状，如图 6-7 所示。

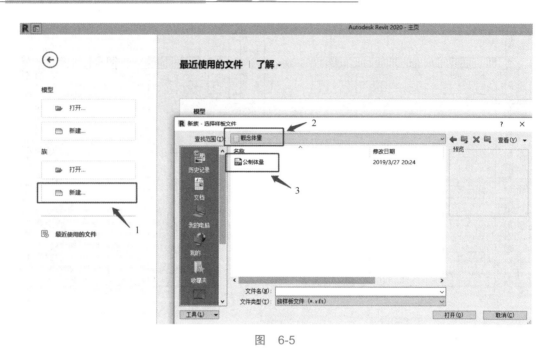

图　6-5

图　6-6

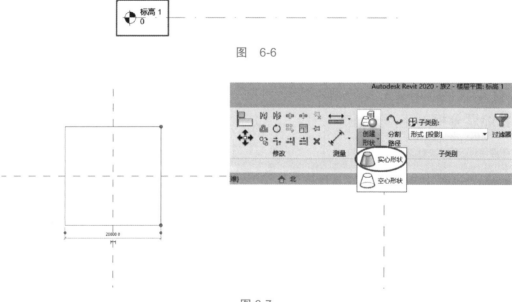

图 6-7

③ 参照立面图，在三维视图中修改体量的高度，如图 6-8 所示。

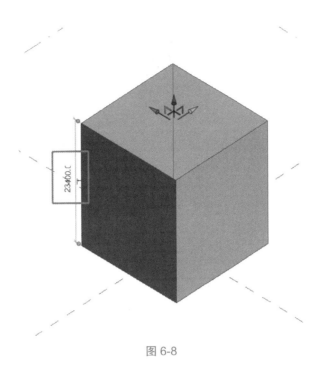

图 6-8

④ 回到平面视图（标高 2），参照俯视图、前视图及后视图，在平面视图中创建空心形状，如图 6-9 所示。

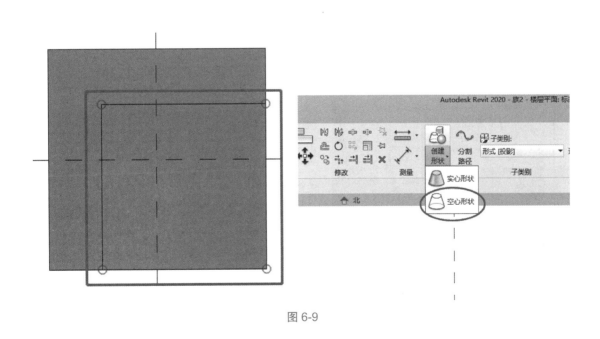

图 6-9

⑤ 回到三维视图，参照前视图调整高度，如图 6-10 所示。

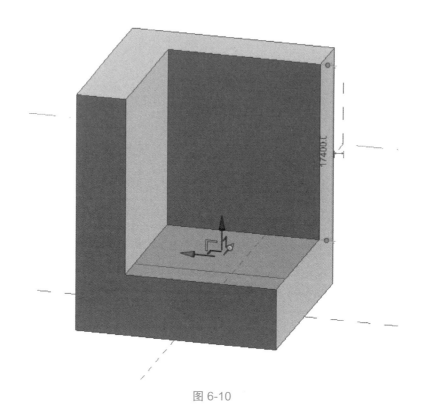

图 6-10

⑥ 回到平面视图（标高 1），参照俯视图、后视图及左视图，在平面视图中创建空心体量，如图 6-11 所示。

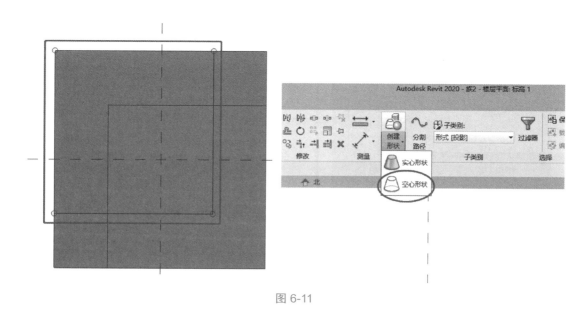

图 6-11

⑦ 回到三维视图，参照后视图调整高度，如图 6-12 所示。

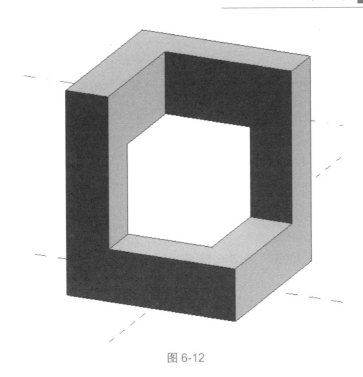

图 6-12

⑧ 最后将文件保存为模型文件并命名为"仿央视大厦＋考生姓名"，保存到考生文件夹中，如图 6-13 所示。

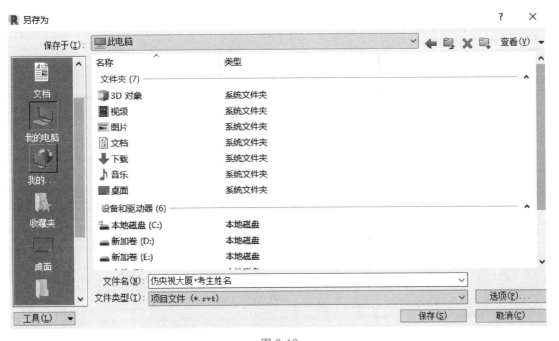

图 6-13

2. 屋顶创建

（1）熟读图纸，本题要求根据图 6-2 给定数据创建轴网与屋顶。

（2）新建项目，选择"建筑样板"文件，如图 6-14 所示。

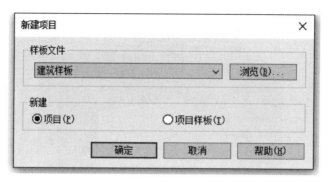

图 6-14

（3）修改标高 2 的标高为 6.300m，如图 6-15 所示。

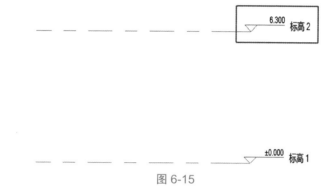

图 6-15

（4）新建轴网，如图 6-16 所示。

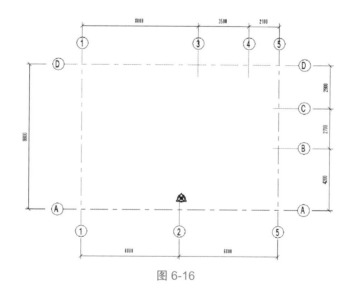

图 6-16

（5）根据图纸绘制屋面轮廓。

① 轮廓绘制，如图 6-17 所示。

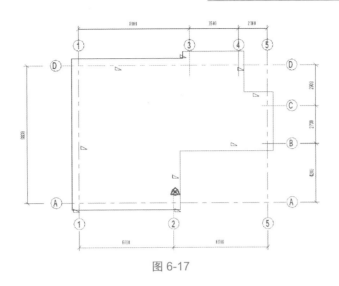

图 6-17

② 修改项目坡度单位为"1：比"，如图 6-18 所示。

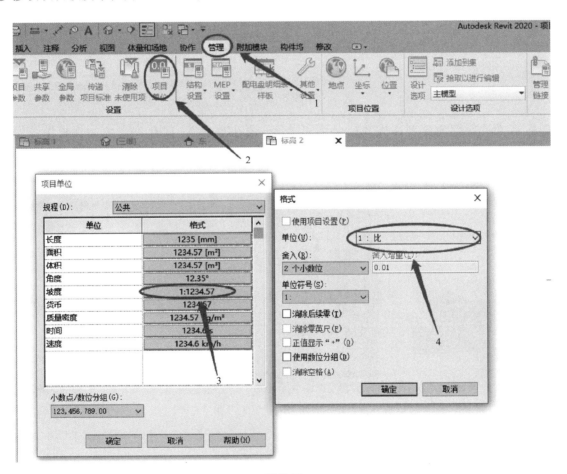

图 6-18

③ 把坡度修改为 1：1.5，然后没有坡度的地方取消选中"定义坡度"复选框，如图 6-19 所示。

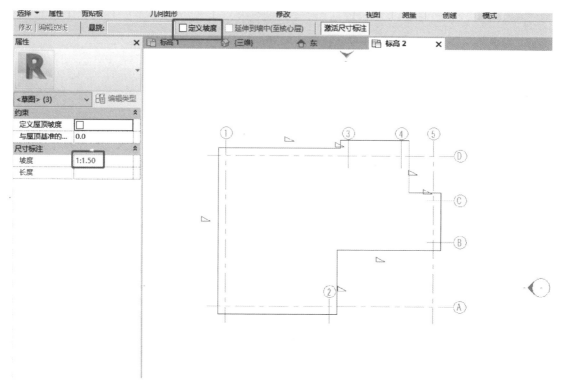

图 6-19

④ 最后将文件保存为模型文件并命名为"屋顶＋考生姓名"，保存到考生文件夹中，如图 6-20 所示。

图 6-20

3. 陶立克柱

（1）新建族模板，选择"公制常规模型"。

（2）在立面视图中，创建参照平面。

（3）回到平面视图中，如图 6-21 所示，绘制柱子截面形状。

① 绘制截面轮廓，利用"拉伸"命令创建底座。在立面视图中，将底座的标高拉伸到第 2 个参照标高处，如图 6-22 所示。

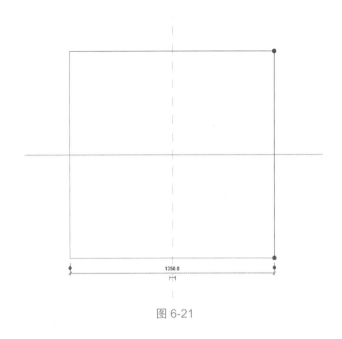

图 6-21

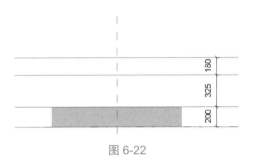

图 6-22

② 利用"旋转"功能，绘制第 2 层柱截面形状，如图 6-23 所示。

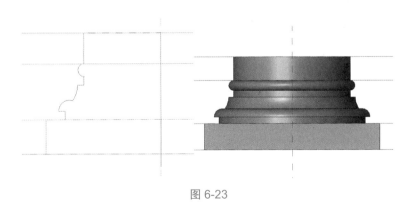

图 6-23

③ 利用"拉伸"功能，绘制第 3 层柱截面形状，如图 6-24 所示。

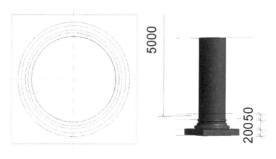

图 6-24

④ 单击"空心拉伸"按钮绘制 2—2 断面图（第三层柱）的半圆，然后使用阵列功能可完成第三层柱子的建模，如图 6-25 所示。

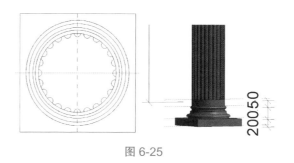

图 6-25

⑤ 在立面视图中，把完成的模型镜像过去就可以得到需要的模型。最后将文件保存为模型文件并命名为"陶立克柱＋考生姓名"，保存到考生文件夹中，如图 6-26 所示。

图 6-26

4. 综合建模

（1）新建项目，选择"建筑样板"。

（2）项目环境设置。

如图 6-27 所示，选择"管理"→"设置"→"项目信息"，弹出"项目信息"对话框（图 6-28），修改项目发布日期及项目编号。

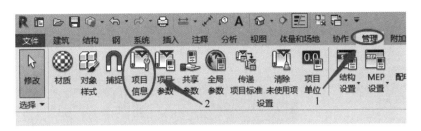

图 6-27

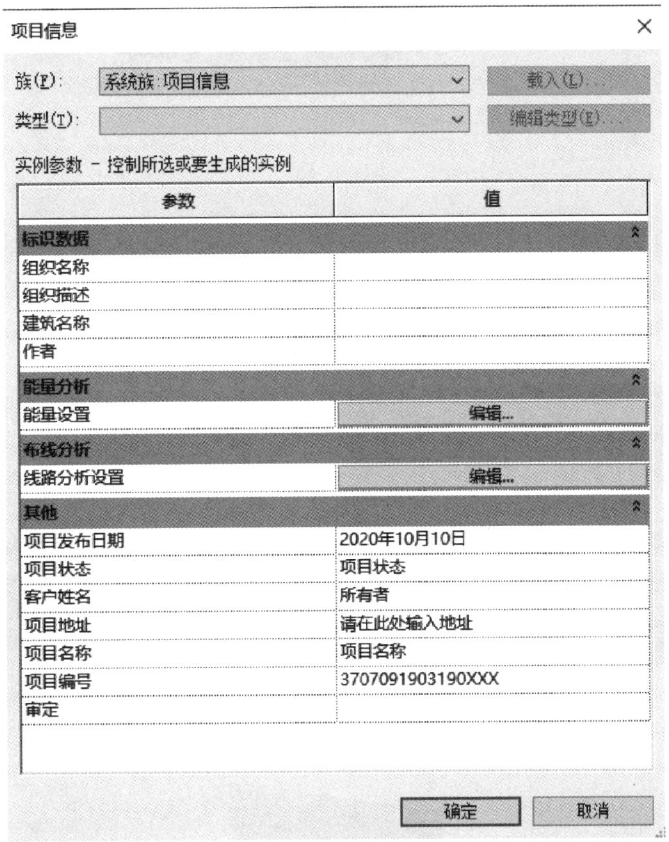

图 6-28

（3）新建楼层标高、轴网。

（4）新建柱子。

① 新建矩形建筑柱：定义截面尺寸为"600mm*600mm"。

② 绘制柱：参照图纸绘制标高 1 的柱子，其底部标高为"1F"，顶部标高为"2F"。

③ 创建标高 2 的柱子：可以将标高 1 的柱子复制至标高 2，也可选择重新绘制柱子。

④ 其余楼层的柱子参考第③条的方法绘制。

（5）新建墙体。

① 新建墙体，定义墙体参数、墙体标高等。

墙——200mm 厚加气混凝土砌块、墙——100mm 厚加气混凝土砌块。

② 绘制墙体：注意墙体的标高限制，首层墙标高为标高 1 至标高 2，底部标高需要偏移 –300mm，如图 6-29 所示。

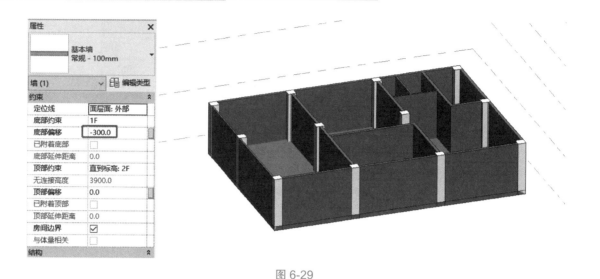

图 6-29

③ 绘制完墙体后，要注意柱子跟墙体的重叠问题，需要取消墙体与柱子的连接，选择"几何图形"面板中的"取消连接几何图元"选项或者右击，从弹出的快捷菜单中选择"不允许连接"选项，再将墙体的端点拉伸到柱子的边缘，如图 6-30 所示。

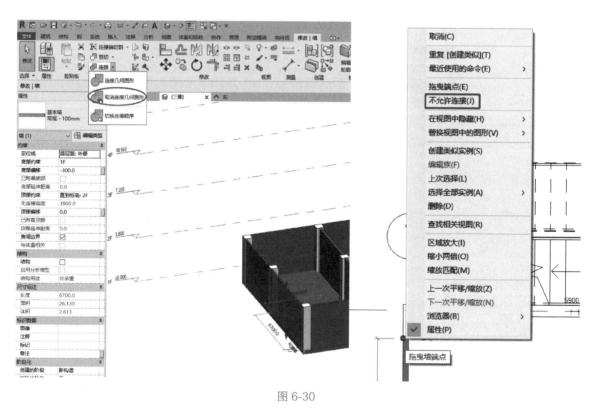

图 6-30

（6）创建门窗。

① 新建窗图元，载入"单扇平开窗""双扇平开窗"族，参照图纸对门的尺寸进行定义。

② 新建门图元，载入"单扇平台门""双扇平台门""四扇推拉门"族，参照图纸对门的尺寸进行定义。

③ 绘制门窗图元。

（7）创建楼板。

① 新建楼板，首层厚度为 300mm。

② 绘制楼板轮廓。

③ 完成一层楼板创建。

④ 绘制完成后，需要取消楼板与其他图元的连接，如图 6-31 所示。

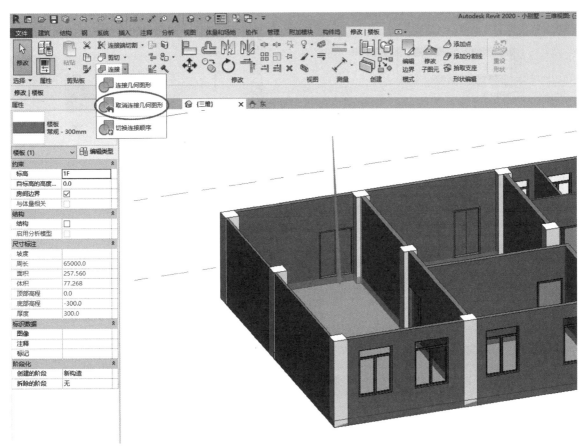

图 6-31

（8）创建屋顶。

① 在屋顶层标高处，选择"迹线屋顶"选项，绘制屋顶轮廓，坡度为 30°。

② 将二层墙、柱附着到屋顶。

（9）创建楼梯。

① 在标高 1 中，新建参照平面。

② 创建楼梯（按构件），类型选择"整体浇筑楼梯"，修改梯面、踏板、梯段参数，如图 6-32 所示。

③ 沿着参照平面绘制梯段，修改休息平台。

④ 楼板开洞：单击"垂直洞口"按钮，选择标高 2 楼板，再回到标高 1 平面，沿着楼梯轮廓绘制洞口轮廓。

⑤ 其余楼梯采用相同方法绘制。

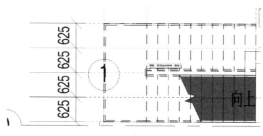

图 6-32

（10）创建台阶。

① 在标高 1（1F）2 轴和 D 轴交点处，新建参照平面，如图 6-33 所示。

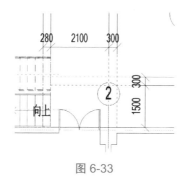

图 6-33

② 选择"建筑"→"构建"→"构件"→"内建模型"，选择楼板，新建"台阶"模型，如图 6-34 所示。

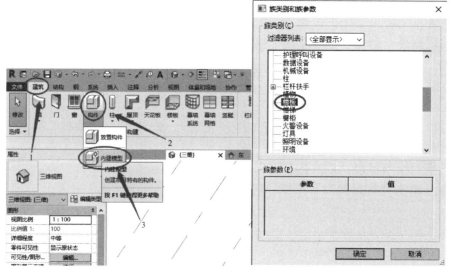

图 6-34

③ 选择实体拉伸，创建台阶轮廓，如图 6-35 所示。

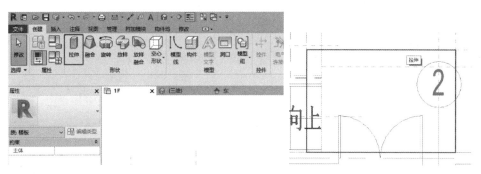

图 6-35

④ 使用空心拉伸剪切出台阶形状，如图 6-36 所示。

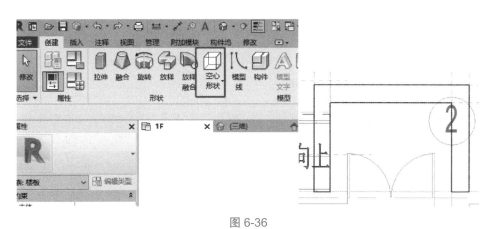

图 6-36

⑤ 在"类型属性"对话框中修改台阶的结构材质为"混凝土"，如图 6-37 所示。

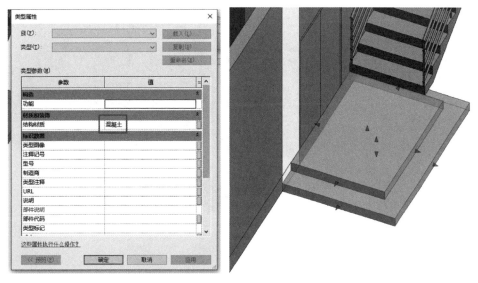

图 6-37

⑥ 其余台阶创建方法相同。

（11）坡道。

① 选择"建筑"→"楼梯坡道"→"坡道"，如图 6-38 所示。

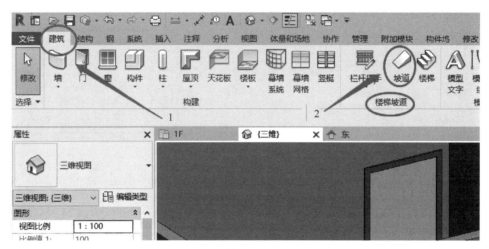

图 6-38

② 调整坡道高度及厚度，如图 6-39 所示。

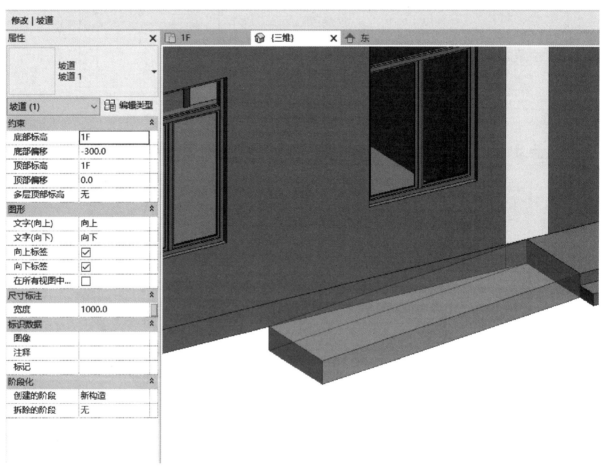

图 6-39

（12）房间命名。

① 选择"建筑"→"模型"→"模型文字"，按照首层平面图为首层房间命名，如图 6-40 所示。

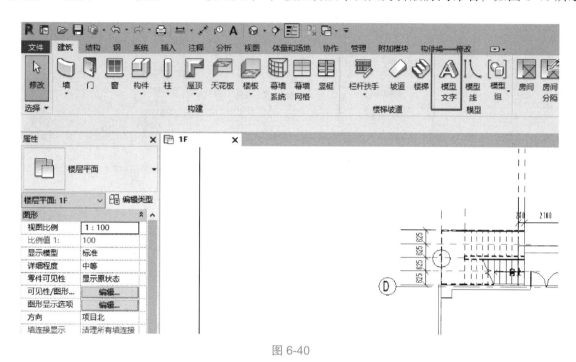

图 6-40

② 字体添加出来默认的是 Microsoft Sans Serif 字体，选中文字，单击"属性"选项板上的"编辑类型"按钮，打开"类型属性"对话框，在文字中找到合适的字体修改即可正常显示，如图 6-41 所示。

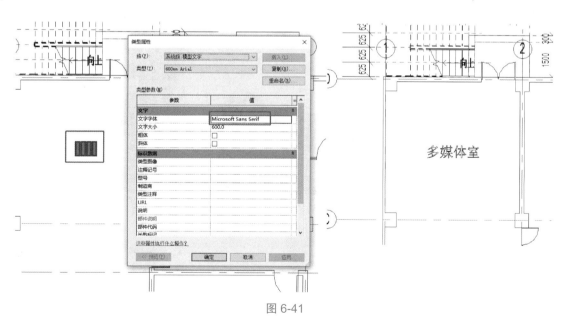

图 6-41

③ 其他房间采用同样的方法创建完成即可，如图 6-42 所示。

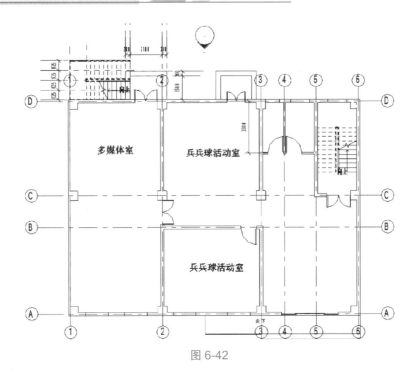

图 6-42

（13）二至六层构件绘画。

框选一层构件，单击"复制"按钮，将其粘贴至其他楼层，然后删除、修改局部构件，或参考一层构件的创建办法绘制其他楼层构件，如图 6-43 所示。

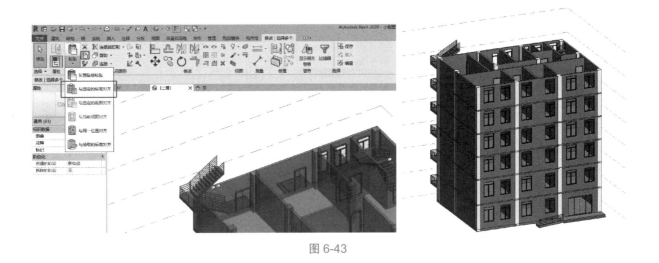

图 6-43

（14）屋面层。

① 新建楼板。

② 绘制楼板轮廓。

③ 添加楼板坡度 2%，如图 6-44 所示。

④ 完成屋面楼板创建。

⑤ 栏杆绘制。选择"建筑"→"楼梯坡道"→"栏杆扶手"，根据图纸的路径绘制栏杆，如图 6-45 所示。

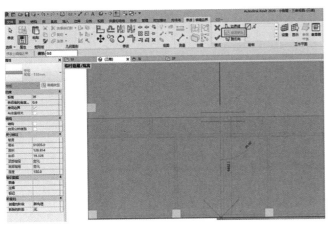

图 6-44

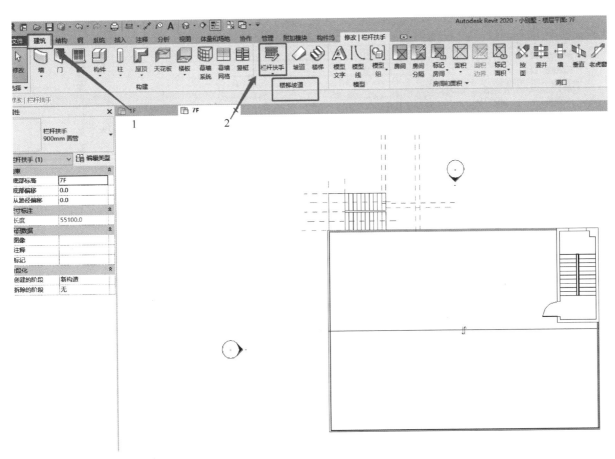

图 6-45

⑥ 楼梯层的绘制方法和一层相同。

（15）成果输出。

（1）门窗表创建。

① 单击门 / 窗，单击"属性"选项板上的"编辑类型"按钮，在弹出的"类型属性"对话框中找到"类型标记"，将"类型标记"修改为对应的门 / 窗名，如图 6-46 所示。

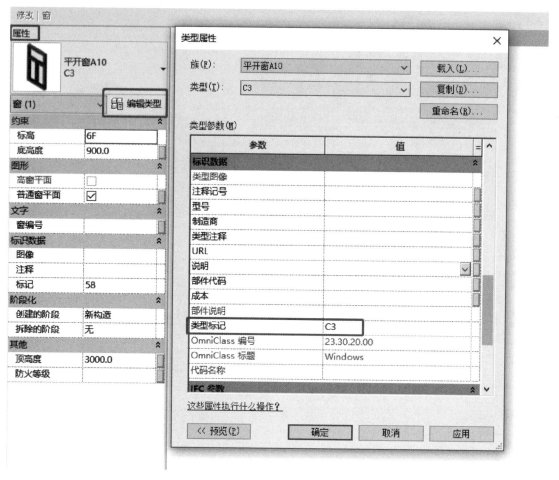

图 6-46

② 选择"视图"→"创建"→"明细表"→"明细表 / 数量"，如图 6-47 所示。

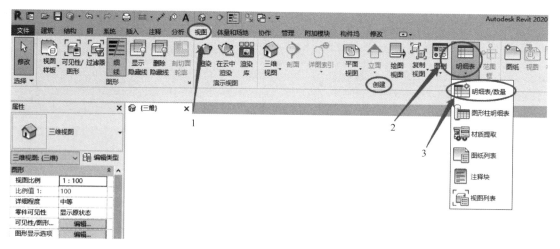

图 6-47

③ 在"新建明细表"对话框的"类别"中找到"门"选项，单击"确定"按钮，如图 6-48 所示。

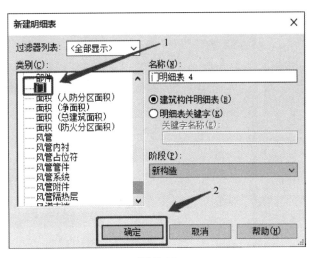

图 6-48

④ 在可用的字段中找到"类型标记""高度""宽度"及"合计"选项后逐一选择单击图 6-49 所示按钮,将需要选定的字段移到明细表字段选项卡中,然后单击"确定"按钮。

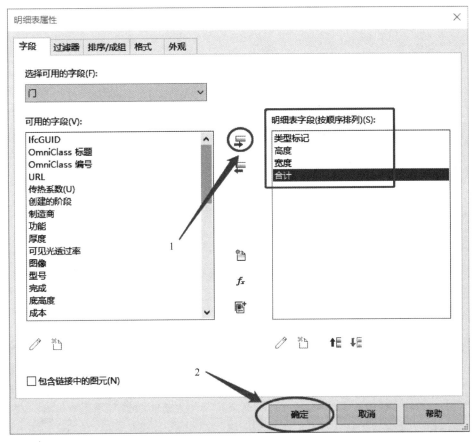

图 6-49

⑤ 单击"属性"选项板中"排序 / 成组"后的"编辑"按钮,在弹出的"明细表属性"对话框的"排序 / 成组"选项卡上,将"排序方式"修改为"类型标记",取消选中"逐项列举每个实例"复选框,然后单击"确定"按钮,如图 6-50 所示。

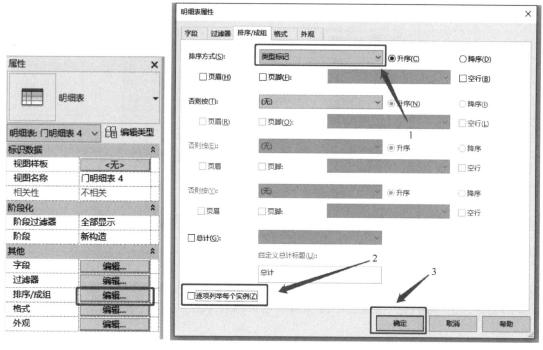

图 6-50

⑥门明细表创建完成后，参考以上办法创建窗明细表即可，如图 6-51 所示。

类型标记	高度	宽度	合计
M1	2700	3600	1
M2	2100	1500	9
M3	2100	1000	45
M4	2100	1000	12
M5	2100	1200	1

图 6-51

（2）剖面创建。

①回到楼层平面 1F，选择"视图"→"创建"→"剖面"，如图 6-52 所示。

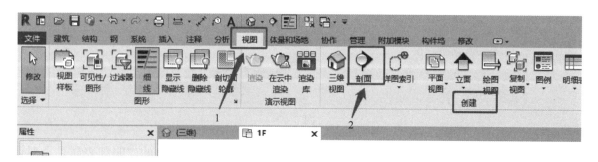

图 6-52

② 剖面创建完成后单击剖面，然后右击，从弹出的快捷菜单中选择"转到视图"选项。在剖面视图中单击剖面框，裁剪拉到合适的剖面展示位置即可，如图 6-53 所示。

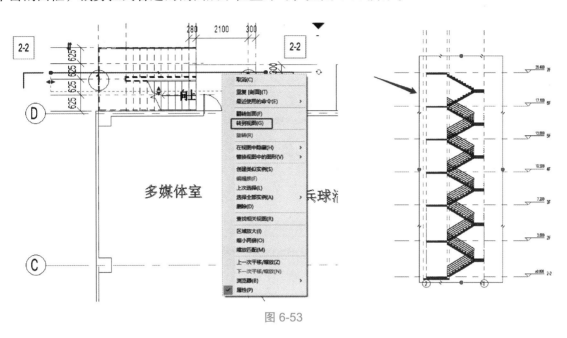

图 6-53

③ Revit 自带的族文件是没有 A4 公制图纸的（Revit 把图纸叫标题栏），用户需要利用族样板去创建一个 A4 图纸的族，如图 6-54 所示。

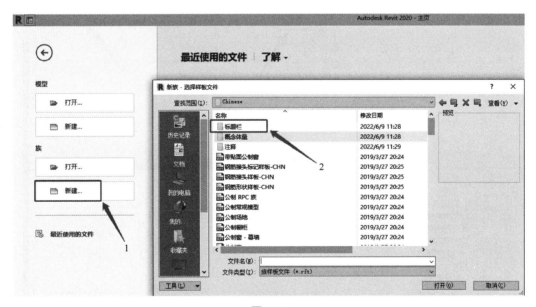

图 6-54

④ 选择"标题栏"→"A4 公制"，单击"打开"按钮进入族文件，随后把族文件另存为"A4 公制 .rft"，如图 6-55 所示。

⑤ 回到项目文件，在项目浏览器中找到图纸（全部），右击选择"新建图纸"选项，单击"载入"按钮，载入刚刚保存的"A4 公制 .rft"族文件，然后选择"A4 公制"选项，单击"确定"按钮，如图 6-56 所示。

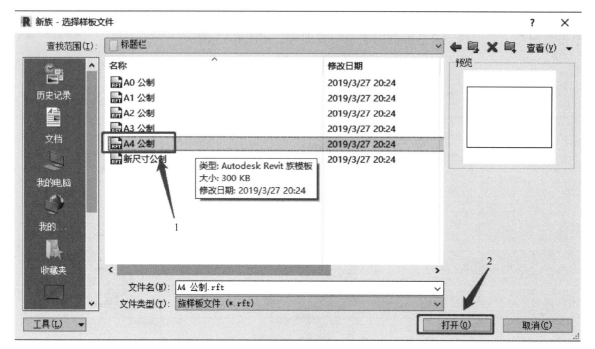

图 6-55

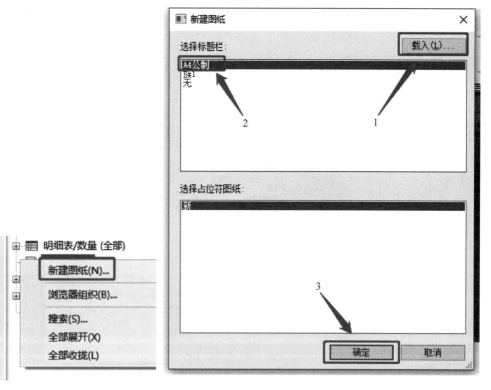

图 6-56

⑥ 在项目浏览器中找到剖面，单击展开剖面，找到已经创建的剖面 2—2，单击剖面名称将其拖入图纸中，如图 6-57 所示。

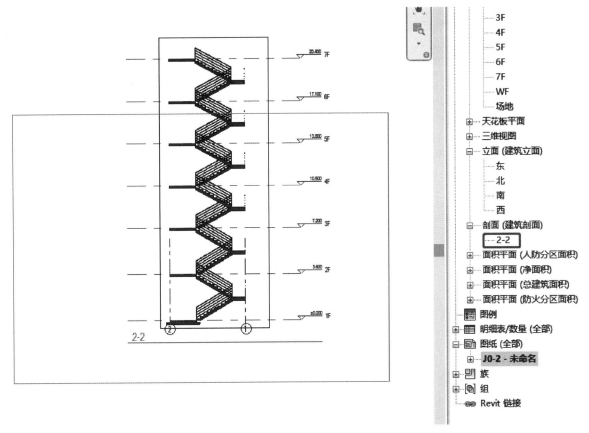

图 6-57

⑦ 双击剖面 2—2 视图空白处，在图纸中进入编辑模式，在工作界面修改出图比例为 1∶200，随后将剖面调整至图纸中合适的位置即可，如图 6-58 所示。

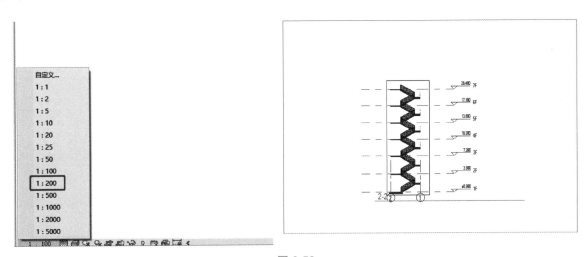

图 6-58

⑧ 选择"文件"→"导出"→"CAD 格式"→"DWG"，在弹出的"DWG 导出"对话框中单击"下一步"按钮导出到文件夹中保存即可，如图 6-59 所示。

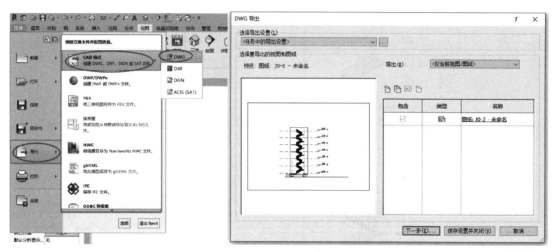

图 6-59

本 章 小 结

本章主要讲解一级建模的历年真题，帮助大家能够掌握解题思路和考试技巧。一级建模考试的内容不难，重点是要如何灵活运用命令，既快又准地解答，在考试的有限时间里能够快速完成建模操作。结合本章内容还需要多加练习操作。

附录 1 BIM 模型规划标准

1. 基点、方位、标高、定位

（1）项目基点和定位。

基点：以 1—1 轴和 1—A 轴交点，首层标高（F01）作为本项目基点。

定位：建立项目统一轴网、标高的模板文件，各工作模型采用复制监视、链接该文件的方式，为工作模型文件定位。

（2）方位。

项目北和正北方向重合，因此项目北和正北不做调整。

（3）标高及命名。

标高命名与楼层编码对应，例如：

F01：首层标高　　　　　F13：13 层标高　　　　　B1：地下一层标高

（4）单位。

① 项目中所有模型均应使用统一的单位与度量制。默认的项目单位为毫米（带 2 位小数），用于显示临时尺寸精度。

② 标注尺寸样式默认为毫米，带 0 位小数，因此临时尺寸如显示为 3000.00（项目设置），而尺寸标注则显示为 3000（尺寸样式）。

③ 二维输入 / 输出文件应遵循为特定类型的工程图规定的单位与度量制。

a. 1DWG 单位 =1 米，与项目坐标系相关的场地。

b. 1DWG 单位 =1 毫米，图元、详图、剖面、立面和建筑结构轮廓。

2. BIM 模型文件格式

（1）成果文件格式为 Autodesk Revit：*.rvt。

（2）交换文件格式为 AutoCAD：*.dwg。

（3）浏览文件格式为 Navisworks：*.nwd 和 3dxml：*.3dxml。

3. 主要系统模型属性原则

（1）总体原则。

在按照系统划分模型的基础上，各系统再进一步按照空间区域拆分，并每个区内可进一步拆分为楼层。地下部分按楼层拆分，地上部分各系统整合并进一步拆分为楼层。

（2）文件大小控制。

单一模型文件的大小，最大不宜超过 200MB，以避免后续多个模型文件操作时硬件设备速度过慢。

注：结构系统拆分时，应注意考虑竖向承力构件贯穿建筑分区的情况，应先保证体系完整和连贯性。

4. 模型文件命名规定

模型依照设计系统的拆分原则，将模型文件分为工作模型和整合模型两大类。工作模型指设计人员输入包含建筑内容的模型文件，整合模型指根据一定的规则将工作模型整合起来成为建筑系统的模型（成果模型格式或浏览模型格式）。

（1）工作模型、整合模型命名规则。

【项目编号】+【_】+【设计公司】+【_】+【专业代码】+【_】+【区域英文字母编码】+【_】+【定位编码】

说明：

【项目编号】为项目名称缩写。缩写时取每个汉字拼音的首字母，大写并连写，如大型综合体为DXZHT。

【设计公司】为公司编码。各公司可确定一个自身的缩写，不超过 4 位英文数字，如"广都"设计公司的编码为"GD"。

【专业代码】ARCH（建筑）；STUR（结构）；HVAC（暖通）；PD（给排水）；FS（消防）；EL（电气强电）；ELV（电气弱电）。

【区域英文字母编码】地上：ZF；地下：ZB。

【定位编码】土建模型采用【位置】+【_】+【分区】进行定位。

根据以上命名规则，项目土建模型特例如下：

DXZHT_GD_ARCH_ZB_B1.rvt　　　　　　DXZHT_GD_STUR_ZB_F01.rvt

（2）构件命名规则。

【分区】+【_】+【专业代码】+【_】+【构件类型描述】+【_】+【构件尺寸描述】+【_】+【构件编号】

说明：

【分区】FX，BX（X：某层）（可选项）。

【构件类型描述】混凝土剪力墙、单开门……

【构件尺寸描述】500mm，墙、柱、板、梁等请选择该字段。

【构件编号】当上述字段不能区分构件时，请加入后缀，从 01 开始。

（3）类型命名规则。

有专业编号时，如门窗编号、房间编号、梁表等，采用专业编号直接进行类型命名。

无专业编号时，如坡道、扶手等，采用和族命名一样的格式命名。

位置和分区为可选项，根据设计需要添加。

构件命名实例见附表 1-1。

附表 1-1　构件命名实例

构件	族名称	类型名称
墙		B1_ 混凝土剪力墙 _500mm
门	B1_ 单开门	B1_ 单开门 + 专业编号
窗	B1_ 平开窗 _001	按专业编号
构件（常规模型、专用设备）	F01_ 电梯	按专业命名（编号）
柱	F01_S_ 混凝土结构柱	按专业命名（编号）

构件	族名称	类型名称
屋顶		WF_ 普通屋顶 _400mm
天花板		F01_ 石膏板 _50mm
楼板		F01_ 建筑面层 _50mm
玻璃隔断（内部局部幕墙）		F01_【描述】
栏杆扶手		F01_【描述】
坡道		F01_ 汽车坡道 _300mm
楼梯		F01_ 整体浇筑混凝土楼梯
房间		按专业命名（编号）
洞口		按专业命名（编号）
标高		按专业命名（编号）
轴网		按专业命名（编号）
参照平面		
梁	F01_ 混凝土结构梁	按专业命名（编号）
桁架	F01_ 钢桁架	按专业命名（编号）
支撑	F01_ 混凝土结构梁	按专业命名（编号）
基础		F01_ 筏板 _2500mm
体量		体量用途
地形表面		场地 _ 地形
场地构件		场地 _ 植物
停车场构件		场地 _ 车位
建筑地坪		场地 _ 地坪名称
子面域		场地 _ 行车道路
建筑红线		场地 _ 红线

注：1. 标准层文件、构件、类型命名需逐层命名，以不可重复，以便于统计、区分量。

2. 图纸中有的内容，建模都应有，如有出入再做协调。

5. 软件标准

建模软件事项如下。

（1）建筑（常规形体）、结构（混凝土），使用 Revit 软件。

（2）模型提交要求：提交软件原始格式模型；提交 Revit 格式的模型链接；提交 Navisworks 绑定的浏览模型。

（3）模型整合：不同模型整合是基于 Revit 的集成模型，通过数据转换，集成 Revit 以及其他数据模型。

（4）所有的 BIM 模型数据可以被 Navisworks 读取，并能在 Navisworks 中浏览。

（5）最终浏览模型是基于 Navisworks 平台，集成多种数据格式。

（6）最终可编辑模型是基于 Revit 平台，集成多种数据格式。对于项目参与方的其他 BIM 数据转换要求，可提供原始的 BIM 模型文档，并提供 Navisworks 模型。

（7）上述相关软件的具体版本要求，统一为 Revit 2020，如未来有 BIM 软件版本升级或增加其他 BIM 软件平台，再做补充调整。

附录 2 构件规格必要项目

1. 建筑专业

建筑专业构件规格必要项目见附表 2-1。

附表 2-1 建筑专业构件规格必要项目

ARCH	建筑专业						
序号	构件名称	设计阶段				施工阶段		
		材质	规格尺寸	框厚	立樘距离	型号	内/外墙标	结构类型
1	门	√	√	√	√			
2	窗	√	√	√	√			
3	墙面	√						
4	楼地面	√						
5	吊顶	√	√					
6	屋顶	√						
7	栏杆、扶手	√						
8	电梯、扶梯、楼梯	√	√			√		
9	擦窗机系统		√			√		
10	雨篷	√	√					
11	其他构件	√	√					

2. 结构专业

结构专业构件规格必要项目见附表 2-2。

附表 2-2 结构专业构件规格必要项目

STUR	结构专业									
序号	构件名称	设计阶段							施工阶段		
		类型[①]	材质	混凝土标号	混凝土类型[②]	截面名称	规格尺寸	钢材牌号及质量等级	砂浆标号	砂浆类型	内/外墙标
1	混凝土墙	√	√	√	√		√				√

续表

STUR		结构专业									
		设计阶段							施工阶段		
序号	构件名称	类型①	材质	混凝土标号	混凝土类型②	截面名称	规格尺寸	钢材牌号及质量等级	砂浆标号	砂浆类型	内/外墙标
2	填充墙、隔墙	√	√				√		√	√	√
3	混凝土柱	√	√	√	√		√				
4	构造柱		√				√		√	√	
5	混凝土梁	√	√	√	√		√				
6	过梁、圈梁		√				√		√		
7	混凝土板		√	√	√						√
8	组合楼板		√	√	√						
3	筏板基础		√	√	√						
10	设备基础		√	√	√						
11	桩		√	√	√						
12	楼梯	√	√	√	√	√					
13	雨篷、挑檐		√	√	√						
14	集水坑		√	√	√						
15	钢构件	√				√	√	√			
16	其他构件		√	√	√						

① 类型包括剪力墙、钢板剪力墙、砌体墙等；钢管混凝土柱、框架柱、暗柱、端柱等；框架梁、劲性钢梁等；钢梁、钢柱、钢板等。
② 混凝土类型包括预拌混凝土、预拌抗渗混凝土、普通混凝土、抗渗混凝土。

3. 通风空调专业

通风空调专业构件规格必要项目见附表 2-3。

附表 2-3　通风空调专业构件规格必要项目

HVAC		通风空调专业						
		设计阶段						
序号	构件名称	类型	规格型号	系统类型①	材质	连接方式	保温材质	保温厚度
1	通风设备	√	√	√				
2	通风管道			√	√			
3	风道末端	√	√	√				

HVAC		通风空调专业						
序号	构件名称	设计阶段						
		类型	规格型号	系统类型①	材质	连接方式	保温材质	保温厚度
4	风道附件	√	√	√				
5	空调水管			√	√	√		
6	水管附件							
7	风管弯头	√		√				
8	水管弯头	√		√	√	√		
9	其他构件		√					

① 系统类型包括空调风系统、空调水系统、排烟防火系统、通风系统。

注：1. 通风设备的规格型号可通过族属性 Desiganation Number 标记，具体设备参数见设备表。

2. 通风管道的保温材质和保温厚度不在初步设计模型内体现，可参见设计说明。

3. 风道末端中 VAV BOX 在模型中体现，规格型号通过族属性 Desiganation Number 标记。其他末端如风口等不在初步设计模型设计范围内。

4. 风道附件中阀门会根据防火墙位置等其他条件加上，但不标记规格型号。

5. 空调水管的保温材质和保温厚度不在初步设计模型内体现，可参见设计说明。

6. 水管附件如阀门不在初步设计模型内体现，可参见 CAD 图纸。

7. 不标记风管弯头和水管弯头规格型号。

8. 其他构件中大型暖通设备如 AHU、HRU、冷水机组等标记规格型号，具体设备参数见设备表。

4. 强电专业

强电专业构件规格必要项目见附表 2-4。

附表 2-4 强电专业构件规格必要项目

EL		强电专业					
序号	构件名称	设计阶段					
		类型	规格型号	系统类型①	容量	直径	材质
1	照明灯具						
2	开关插座						
3	配电箱柜	√	√	√			
4	电气设备	√	√	√	√		
5	桥架、线槽	√	√	√			√
6	电线、电缆配管						√
7	电线、电缆导管						
8	母线	√	√	√			
9	防雷接地					√	√

① 系统类型包括照明系统、动力系统、应急系统、喷淋灭火系统、消火栓灭火系统、火灾报警系统。

注：初步设计电气模型只体现桥架、线槽、母线。电气机房内的配电设备需基本体现。

5. 智控弱电

智控弱电构件规格必要项目见附表 2-5。

附表 2-5　智控弱电构件规格必要项目

ELV		智控弱电专业			
序号	构件名称	设计阶段			
		类型	规格型号	系统类型①	材质
1	弱电器具				
2	弱电设备				
3	组线箱柜	√	√	√	
4	桥架、线槽	√	√	√	√
5	电线、电缆配管				
6	电线、电缆导管				

① 系统类型包括有线电视系统、综合布线系统、通信系统、安全防范系统、建筑设备监控系统、有线广播系统。
注：初步设计电气模型只体现组线箱柜、桥架、线槽。电气机房内的配电设备需基本体现。

6. 给排水专业

给排水专业构件规格必要项目见附表 2-6。

附表 2-6　给排水专业构件规格必要项目

PD		给排水专业						
序号	构件名称	设计阶段						
		类型	规格型号	系统类型①	材质	保温材质	保温厚度	连接方式
1	卫生器具							
2	给排水设备	√	√	√				
3	阀门法兰							
4	给排水管道	√	√	√	√	√	√	√
5	管道附件							
6	其他构件							

① 系统类型包括排水系统、给水系统、雨水系统、污水系统、中水系统。

7. 采暖燃气

采暖燃气构件规格必要项目见附表 2-7。

附表 2-7　采暖燃气构件规格必要项目

PD		采暖燃气专业						
序号	构件名称	设计阶段						
		类型	规格型号	系统类型①	材质	保温材质	保温厚度	连接方式
7	供暖器具							

续表

PD	采暖燃气专业						
序号	构件名称	设计阶段					
		类型	规格型号	系统类型①	材质	保温材质	保温厚度	连接方式
8	燃气器具							
9	燃气设备							
10	阀门法兰							
11	燃气管道							
12	管道附件							
13	其他构件							

① 系统类型包括供水系统、回水系统、燃气系统。

8. 消防

消防构件规格必要项目见附表 2-8。

附表 2-8　消防构件规格必要项目

FS	消防专业						
序号	构件名称	设计阶段					
		类型	规格型号	系统类型①	材质	连接方式	保温材质	可连立管根数
1	消火栓							
2	消防器具							
3	喷头							
4	消防设备	√	√	√				
5	阀门法兰							
6	消防管道	√	√	√	√	√		
7	管道附件							
8	其他构件							

① 系统类型包括喷淋灭火系统、消火栓灭火系统、火灾报警系统。
注：初步设计模型只体现消防与给排水主要管道、立管、水泵。

参 考 文 献

柏慕进业，2021.Autodesk Revit Architecture 2021 官方标准教程 [M]. 北京：电子工业出版社.

黄诚，周海峰，刘兰，等，2023."1+X"证书下建筑工程技术专业重构 BIM 课程体系的研究与实践 [J]. 砖瓦（10）：156-158+162.

李恒，孔娟，2015.Revit 2015 中文版基础教程 [M]. 北京：清华大学出版社.

刘占省，李占仓，徐瑞龙，2012.BIM 技术在大型公用建筑结构施工及管理中的应用 [J]. 施工技术，41（S1）：177-181.

刘占省，王泽强，张桐睿，等，2013.BIM 技术全寿命周期一体化应用研究 [J]. 施工技术，42（18）：91-95.

陆子易,2023.基于 BIM 技术的超高层项目管理体系研究与实践 [C]// 中国图学学会建筑信息模型（BIM）专业委员会. 第九届全国 BIM 学术会议论文集. 北京：中国建筑出版传媒有限公司：9.

宋雪，吕希奎，朱鹏烨，2023.基于 BIM 的城市建筑物快速建模方法研究 [C]// 中国图学学会建筑信息模型（BIM）专业委员会. 第九届全国 BIM 学术会议论文集. 北京：中国建筑出版传媒有限公司：6.

王雪璇，2023.BIM 技术在绿色建筑全生命周期中的运用 [J]. 城市建设理论研究（电子版）（28）：171-173.

温郁斌，李建勋，陶锋，等，2023.基于 BIM+GIS 技术的高速公路智慧建造平台构建研究 [J]. 项目管理技术，21（10）：119-124.